优秀男孩

必备的

7种心态、8种习惯、9种能力

潘鸿生◎编著

北京工业大学出版社

图书在版编目（CIP）数据

优秀男孩必备的 7 种心态、8 种习惯、9 种能力 / 潘鸿生编著. —北京 ：北京工业大学出版社，2015.11 (2021.9 重印)

ISBN 978-7-5639-4486-6

Ⅰ. ①优⋯　Ⅱ. ①潘⋯　Ⅲ. ①男性－成功心理－青少年读物　Ⅳ. ①B848.4-49

中国版本图书馆 CIP 数据核字 (2015) 第 241401 号

优秀男孩必备的 7 种心态、8 种习惯、9 种能力

编　　著：潘鸿生

责任编辑：贺　帆

封面设计：周　飞

出版发行：北京工业大学出版社

　　　　　（北京市朝阳区平乐园 100 号　邮编：100124）

　　　　　010-67391722（传真）　bgdcbs@sina.com

经销单位：全国各地新华书店

承印单位：唐山市铭诚印刷有限公司

开　　本：787 毫米 ×1092 毫米　1/16

印　　张：14

字　　数：230 千字

版　　次：2015 年 11 月第 1 版

印　　次：2021 年 9 月第 3 次印刷

标准书号：ISBN 978-7-5639-4486-6

定　　价：39.80 元

前　　言

　　每个男孩心中都有一个梦想，都期望自己成才。想要成长为坚强、有责任、有能力的男子汉，长大后有所作为，就必须具备积极的心态、良好的习惯和出色的能力，这是走向成功的基本要素。

　　在男孩成长的过程中，积极良好的心态是保证男孩健康成长的因素，也是男孩取得成功的重要原因。同时，良好的心态在男孩成长的过程中形成并强化，又能够促进男孩的成长和进步。心理学家认为，当孩子出生以后，他们的心灵犹如一粒顽强的种子，蕴含了无限的潜力和可能性，等待着他们自己去挖掘。而要发挥这些潜能，拥有良好的、积极的心态是非常重要的。正如美国著名的成功学大师威廉·詹姆士所说："我们这一代人的最大发现是人能通过改变心态，从而改变自己的一生。"因此，积极的心态在很大程度上决定男孩能否拥有成功的人生。

　　作为未来的男子汉，男孩们被期待着承担更多的责任、获得更大的成功，而小时候养成的良好习惯对于他们未来的发展往往有着潜移默化的影响。拿破仑·希尔说："习惯能成就一个人，也能摧毁一个人。"古往今来，不知有多少人因为自己的坏习惯而含恨终生，又不知有多少人因为坏习惯而找不到人生的幸福，更有甚者，因为自己的坏习惯而葬送了最弥足珍贵的生命。所以对于男孩的成长来说，促使其养成良好的习惯非常重要。因为"少年成天性，习惯成自然"。

想要成为优秀男孩，既要求男孩有好的心态和习惯作为吸收养分的基础，还要求男孩有出色的能力获取更多的阳光，只有这样，男孩才能越来越优秀。我们在学校学到的知识，必须通过吸收和思考，最终转化为能力，诸如动手实践能力、抵抗挫折能力、人际交往能力、适应能力、沟通能力等。男孩只要具备这些能力，就能够有效地解决成长中遇到的问题，顺利地实现自己的理想，成为一个优秀男孩。

为了帮助男孩培养良好的心态、成才必备的习惯，及掌握使男孩越来越优秀的基本能力，本书详细讲解了优秀男孩必须具备的7种心态、8种习惯、9种能力。本书不但为处于青少年时期的男孩创造了一个欢乐、轻松的成长环境，而且更陶冶了男孩的情操，可以说是一本让男孩全面提高、全面发展的青春励志书。

渴望优秀的男孩，不妨打开这本书，从中汲取营养，获得成长的启示，让自己在一生中最关键的时期打好基础，成为一个优秀男孩！

目　　录

上篇　成为优秀男孩的7种心态

自信的心态——扬起自信的风帆，缔造男孩的美好未来 ·············· 003

拯救自己的人是你自己 ···································· 003

把斧子卖给布什总统 ····································· 005

最优秀的人是你自己 ····································· 006

预测未来的老教授 ······································ 008

NBA最矮的球员 ·· 009

心态训练营：培养自信心态的方法和技巧 ·················· 011

乐观的心态——悲观的人虽生犹死，乐观的人永葆青春 ·············· 012

一个穷人的烦恼 ·· 012

孪生兄弟的不同命运 ····································· 013

有两个机会 ··· 015

不要为打翻了的牛奶而哭泣 ······························ 016

心态训练营：培养乐观心态的方法和技巧 ·················· 018

宽容的心态——海纳百川，宽容的男孩能成大器 ·················· 020

我知道谁朝我开了一枪 ··································· 020

真正的民族斗士 ·· 022

猜猜我的军衔 ··023

军官和老炊事员 ···025

　　心态训练营：培养宽容心态的方法和技巧 ·················027

勇敢的心态——每个男孩都应该有一颗勇敢的心 ·········· 029

成功之门都是虚掩的 ·····································029

一个法官的成长历程 ·····································031

毛头小伙子的快递梦想 ···································032

人有多大胆，地有多大产 ·································034

　　心态训练营：培养勇敢心态的方法和技巧 ·················035

积极的心态——心态积极，天下无敌 ···················· 037

停止抱怨，改变心态 ·····································037

一切都是最好的安排 ·····································039

比特的成功 ··041

没有什么不可能 ··043

　　心态训练营：培养积极心态的方法和技巧 ·················045

谦虚的心态——谦虚使人进步，骄傲使人落后 ············ 046

我只是站在巨人们的肩上 ·································046

不要狂妄自大 ··048

掉入水中的博士生 ······································049

谦虚的贝罗尼 ··051

　　心态训练营：培养谦虚心态的方法和技巧 ·················052

竞争的心态——敢于竞争，不做逃兵 ···················· 053

向竞争对手学习 ··053

为对手喝彩 ··054

单赢，还是双赢？ ······································056

一场公平的乒乓球比赛 ···································058

　　心态训练营：培养正确竞争心态的技巧和方法 ·············059

中篇　成为优秀男孩的8种习惯

承担责任的习惯——让责任成为习惯，男子汉就该扛起一片天······063

为非洲的孩子挖一口井 ················063

艾尔森的问卷调查 ················065

没有任何借口 ················067

敢于承担责任 ················069

习惯训练营：培养责任感的方法和技巧 ················071

珍惜时间的习惯——放弃时间的人，时间也放弃他 ················072

死神的来临 ················072

寒号鸟的悲哀 ················074

善用零散的时间 ················075

时间的价值 ················077

习惯训练营：培养惜时习惯的方法和技巧 ················078

勤奋努力的习惯——用今天的辛勤与汗水，换明天的丰收与喜悦 ·······080

勤字当头万事易 ················080

王羲之练字 ················082

世界上跑得最快的女人 ················084

王永庆卖米 ················086

企业家为什么撤销捐助 ················088

习惯训练营：培养勤奋习惯的方法和技巧 ················089

团结合作的习惯——团结带来力量，合作成就双赢 ················091

团结的力量 ················091

刘邦的反间计 ················092

贼鸥抢食 ················094

优势互补 ················095

习惯训练营：培养团结合作习惯的方法和技巧 ················097

诚信的习惯——诚信是做人的第一品牌 ································ 098

买啤酒的少年 ································ 098

打碎玻璃窗的男孩 ································ 099

钱会贬值，但品格永远不会 ································ 101

丢失诚信的人 ································ 102

卖火柴的小男孩 ································ 104

习惯训练营：培养诚信习惯的方法和技巧 ··················· 105

行善的习惯——赠人玫瑰，手有余香 ································ 107

改变服务生命运的一晚 ································ 107

上帝给母亲最好的礼物 ································ 109

徒手斗歹徒的徐洪刚 ································ 110

苏东坡帮忙卖扇子 ································ 112

帮助别人，就是帮助自己 ································ 114

习惯训练营：培养行善习惯的方法和技巧 ··················· 115

反思的习惯——学会反省，你会进步更快 ································ 117

告状的鸭子 ································ 117

反省自己的错误 ································ 119

反思失败的原因 ································ 120

孔子改诗的故事 ································ 121

朋友的建议 ································ 122

习惯训练营：培养反思习惯的方法和技巧 ··················· 124

高效做事的习惯——找对方法，提高做事效率 ································ 125

找对做事的方法 ································ 125

商人的两个儿子 ································ 127

心无旁骛，专注做好一件事 ································ 128

把重要的事情放在第一位 ································ 130

习惯训练营：养成高效做事习惯的方法和技巧 ··················· 132

下篇　成为优秀男孩的9种能力

学习的能力——知识改变命运，读书成就未来 ················· 135

期末考试的最后一天 ······················ 135

法拉第的成功 ···························· 137

学习可以改变人生 ························ 139

读书使人进步 ···························· 141

改变命运的拿破仑 ························ 142

能力训练营：培养学习能力的方法和技巧 ·········· 144

社交的能力——提高人际交往能力，做个社交达人 ··········· 146

学会与人交往 ···························· 146

倾听公主的心事 ·························· 148

两位伟大人物的幽默对话 ·················· 149

能力训练营：培养社交能力的方法和技巧 ·········· 150

独立的能力——只有独立，才能赢得世界 ················ 152

总统的教子观念 ·························· 152

求人不如求自己 ·························· 154

李嘉诚的两个儿子 ························ 155

自己的问题自己解决 ······················ 156

能力训练营：培养独立能力的方法和技巧 ·········· 159

创新的能力——思路决定出路，创新成就梦想 ··········· 160

跳出思维定式 ···························· 160

尚未凝固的水泥路面 ······················ 161

一道应聘的考题 ·························· 163

每天提一条创造性的建议 ·················· 165

能力训练营：培养创新能力的方法和技巧 ·········· 167

抗挫的能力——经得起挫折，受得起磨难 ················· 168

没有逃不出的逆境 ································168

我要感谢两棵树 ································170

"股神"巴菲特的成长历程 ························172

跌倒了再爬起来 ································174

"汉堡包王"的成功 ····························175

能力训练营：培养抗挫能力的方法和技巧 ···············177

自控的能力——克己自制，拥有自控力 ···············178

富豪的烟瘾 ····································178

拿破仑·希尔的反思 ····························180

别在生气的时候做决定 ··························181

绕着房地跑步的老阿公 ··························183

能力训练营：培养自控能力的方法和技巧 ···············185

理财的能力——你不理财，财不理你 ···············186

老木匠的良苦用心 ······························186

储蓄的重要性 ··································188

申请破产的拳王 ································190

能力训练营：培养理财能力的方法和技巧 ···············192

领导的能力——振臂一呼，应者云集 ···············193

领导者要海纳百川 ······························193

处事公平公正 ··································195

为他人树立榜样 ································196

知人善任是一项必备能力 ························198

能力训练营：培养领导能力的方法和技巧 ···············199

行动的能力——做行动家，不做空想家 ···············201

两个去美国闯荡的年轻人 ························201

一直没有织完的毛衣毛裤 ························202

第一只红舞鞋 ··································204

机会不是等来的 ································206

能力训练营：培养行动能力的方法和技巧 ···············208

上篇
成为优秀男孩的 7 种心态

　　成才，不仅需要健康的体魄和聪明才智，更需要一个良好的心态。好心态可以使人自信、快乐、充满朝气和力量；坏心态使人丧失主动性、进取性，变得颓废、冷漠和平庸。

　　心态就像一粒种子，深藏在每个人的内心深处。于丹在《百家讲坛》里曾说过："决定人生成功的，绝不仅仅是才能和技巧，而是一个人面对生活的心态。"在成长过程中，男孩只有拥有积极、奋发、进取、乐观的心态，才能正确处理生活中的各种困难、矛盾和问题。好心态是男孩走向成功的必备素质，有时比智慧更重要！

自信的心态——
扬起自信的风帆，缔造男孩的美好未来

拯救自己的人是你自己

在真实的生命里，每桩伟业都由信心开始，并由信心跨出第一步。

——奥格斯特·冯史勒格

有一个企业的经理，他把全部财产投资在一种小型制造业上。由于世界大战爆发，他无法取得他的工厂所需要的原料，因此只好宣告破产。金钱的丧失，使他大为沮丧。他对于这些损失无法忘怀，而且越来越难过。于是，他离开妻子和子女，成了一名流浪汉。后来，他甚至想到跳湖自杀。

一个偶然的机会，他看到了一本名为《自信心》的书。这本书给他带来勇气和希望，他决定找到这本书的作者，请作者帮助他再度站起来。

当他找到作者，说完他的故事后，那位作者却对他说："我已经以极大的兴趣听完了你的故事，我希望我能对你有所帮助，但事实上，我却没有能力帮助你。"

他的脸上立刻变得苍白。他低下头，喃喃地说道："这下子我完蛋了。"

作者停了几秒钟，然后说道："虽然我没有办法帮助你，但我可以介绍你去见一个人，他可以帮助你东山再起。"刚说完这几句话，流浪汉立刻跳了起来，抓住作者的手，说道："求求你，请带我去见这个人。"

于是作者把他带到一面高大的镜子面前，用手指着镜子说："我介绍的就是这个人。在这个世界上，只有这个人能够使你东山再起。除非你坐下来，彻底认识这个人，否则，你只能跳到密歇根湖里去。因为在你对这个人进行充分的了解之前，对于你自己或这个世界来说，你都将是个没有任何价值的废物。"

他朝着镜子向前走了几步，用手摸摸他长满胡须的脸孔，对着镜子里的人从头到脚打量了几分钟，然后退了几步，低下头，开始哭泣起来。

几天后，作者在街上碰见了这个人，几乎认不出他来了。他的步伐轻快有力，头抬得高高的。他从头到脚打扮一番，看起来是很成功的样子。"那一天我进入你的办公室时，还只是一个流浪汉。但我对着镜子找到了自信。现在我找到了一份年薪3000美元的工作。我的老板先预支了一部分钱给我的家人。我现在又走上成功之路了。"他还风趣地说将再拜访作者一次，"我将带着一张签好字的支票，收款人是你，金额是空白的，由你填上数字。因为你介绍我认识了自己，幸好你要我站在那面大镜子前，把真正的我指给我看。"

【优秀男孩应该懂的道理】

自信心是一个人做事情与活下去的支撑力量，没有了自信心，就等于自己给自己判了死刑。一个乐观自信、深信自己所从事的事业会成功的人，必定会走上成功之路。相反，一个怀疑自己的能力、对未来失去信心的人，必然不会取得事业上的成就、走向成功。所以，无论什么时候，我们都不能失去自信，记住，拯救自己的人是你自己。

在生活的道路上，父母和他人无法帮我们排除一切被扎伤、被绊倒的可能，所以，男孩一定要锻炼自己绊倒后重新站起来的勇气。男孩一定要懂得，世上没有难事，只要微笑面对失败，有战胜失败的勇气，坚持自己的努力，你就一定会成功。

把斧子卖给布什总统

信心的力量是惊人的，相信自己，那么，一切困难都将不会是困难。

——拿破仑·希尔

美国布鲁金学会以培养世界杰出的推销员著称于世。它有一个传统，在每期学员毕业时，设计一道最能体现销售员实力的实习题，让学员去完成。

克林顿当政期间，该学会推出一个题目：请把一条三角裤推销给现任总统。8年间，无数学员为此绞尽脑汁，最后都无功而返。克林顿卸任后，该学会把题目换成：请把一把斧子推销给布什总统。

布鲁金学会许诺，谁能做到，就把刻有"最伟大的推销员"的一只金靴子赠予他。许多学员对此毫无信心，甚至认为，现在的总统什么都不缺，再说即使缺少，也用不着他们自己去购买，把斧子推销给总统是不可能的事。

然而，有一个叫乔治·赫伯特的推销员却做到了。这个推销员对自己很有信心，认为把一把斧子推销给小布什总统是完全可能的，因为小布什总统在得克萨斯州有一个农场，里面长着许多树。

乔治·赫伯特信心百倍地给小布什写了一封信。信中说：有一次，我有幸参观了您的农场，发现种着许多矢菊树，有些已经死掉，木质已变得松软。我想，您一定需要一把小斧子，但是从您现在的体质来看，小斧子显然太轻，因此您需要一把不甚锋利的老斧子，现在我这儿正好有一把，它是我的祖父留给我的，很适合砍伐枯树……

后来，乔治收到了小布什总统15美元的汇款，从而获得了刻有"最伟大的推销员"的金靴子。

乔治·赫伯特成功后，布鲁金斯学会在表彰他的时候说："'金靴子奖'已空置了26年。26年间，布鲁金斯学会培养了数以万计的推销员，造就了数以百计的百万富翁，这只金靴子之所以没有授予他们，是因为我们一直想寻找这么一个人，这个人不因有人说某一目标不能实现而放弃，也不因某件事情难以办到而失去自信。"

【优秀男孩应该懂的道理】

信心是行动的基础，是一个人走向成功的非常重要的心理素质。一个人只有心里充满必胜的信念，对自己所从事的事业坚信不疑，他才可能迈出坚定的步伐，产生克服困难的勇气和力量，想出解决问题的方法和对策，最后才能到达为之奋斗的终点。

自信能孕育信心，如果你对自己没有信心，那么你将永远无法到达成功的彼岸。所以，男孩遇到困难时，千万不要找借口，要多想一下，有没有其他解决办法？能不能将问题分解，一步一步加以解决？比如认真体会以下说法："试试看有没有其他的可能性"，"也许我可以换个思路"……千万不要说类似于"不可能"之类的话，一定要做积极的尝试。

最优秀的人是你自己

有信心的人，可以化渺小为伟大，化平庸为神奇。

——萧伯纳

古希腊的大哲学家苏格拉底在临终前有一个不小的遗憾——他多年的得力助手，居然在半年多的时间里没能给他寻找到一个优秀的闭门弟子。

事情是这样的：苏格拉底在风烛残年之际，知道自己时日不多了，就想考验和点化一下他的那位平时看来很不错的助手。他把助手叫到床前说："我的蜡烛所剩不多了，得找另一根蜡烛接着点下去，你明白我的意思吗？"

"明白，"那位助手赶快说，"您的思想光辉得很好地传承下去……"

"可是，"苏格拉底慢悠悠地说，"我需要一位优秀的传承者，他不但要有相当的智慧，还必须有充分的信心和非凡的勇气……这样的人选直到目前我还未见到，你帮我寻找和发掘一位好吗？"

"好的，好的。"助手很温顺、很尊重地说，"我一定竭尽全力地去寻找，不辜负您的栽培和信任。"

苏格拉底笑了笑，没再说什么。

那位忠诚而勤奋的助手，不辞辛劳地通过各种渠道开始四处寻找了。可他领来一位又一位，总被苏格拉底一一婉言谢绝了。有一次，当那位助手再次无功而返地回到苏格拉底病床前时，病入膏肓的苏格拉底硬撑着坐起来，抚着那位助手的肩膀说："真是辛苦你了，不过，你找来的那些人，其实还不如你……"

苏格拉底笑笑，不再说话。

半年之后，苏格拉底眼看就要告别人世，最优秀的人选还是没有眉目。助手非常惭愧，泪流满面地坐在病床边，语气沉重地说："我真对不起您，令您失望了！"

"失望的是我，对不起的却是你自己。"苏格拉底说到这里，很失望地闭上眼睛，停顿了许久，才又不无哀怨地说，"本来，最优秀的人就是你自己，只是你不敢相信自己，才把自己给忽略了，不知道如何发掘和重用自己……"话没说完，一代哲人就永远离开了他曾经深切关注着的这个世界。

那位助手非常后悔，甚至后悔、自责了后半生。

【优秀男孩应该懂的道理】 ·······································

自信心是一个人能力的支柱，一个没有自信心的人，不能指望他能够做出实质性的成就。你可以敬佩别人，但绝不可忽略了自己；你也可以相信别人，但绝不可以不相信自己。在这个世界上，我们每个人都是独一无二的，都是自然界最伟大的造化。所以，男孩只有正确认识自己的价值，对自己充满自信，不断发挥自身的潜力，才能将生存的意义充分体现出来。男孩们都应该牢记柏拉图的这句至理名言：最优秀的人就是你自己！

预测未来的老教授

深窥自己的心，而后发觉一切的奇迹在你自己。

——培根

　　鲁西南深处有一个小村子叫姜村，离县城有十几公里的距离。但就是这个小小的偏僻的村子，在方圆几十里以内却声名在外。原来，从很久以前这个小村子每年都会有几个孩子考上大学，读上硕士、博士。久而久之，大学村成了姜村的新村名。

　　村里只有一所小学，每一个年级一个班。很早以前一个班级只有十几个孩子。现在不同了，方圆十几个村的家长都千方百计把孩子送到这里来。因为他们觉得把孩子送到了姜村，就等于把孩子送进了大学了。在惊叹姜村奇迹的同时，人们也都在思索着：是姜村的水土好吗？是姜村的老师有教育孩子的秘诀吗？其实村子里的人也不知道这是为什么，但大家都隐隐感觉这件事与当年的那位老教授有关。

　　事情还得从20多年前说起。原来的姜村小学也不过是山区里再普通不过的一所小学，可是就在那一年，小学调来了一个50多岁的老教师，听人说这个教师是一位大学教授，不知什么原因被贬到了这个偏远的地方。这个老师教了不长时间以后，就有一个传说在村里流传：这个老师能掐会算，他能预测孩子的前程。他说有的孩子能成为数学家，有的孩子能成为音乐家，有的孩子能成为作家。

　　之后，大人们发现，他们的孩子与以前大不一样了，他们变得懂事而好学，老师说会成为数学家的孩子，对数学的学习更加刻苦；老师说会成为作家的孩子，语文成绩更加出类拔萃；老师说会成为音乐家的孩子课余时不再贪玩，而开始专心地练习乐谱了。孩子们再不用像以前那样被大人严加管教，他们都变得十分自觉。因为他们都被灌输了这样的信念：他们将来都是杰出的人，而好玩、不刻苦的孩子都是成不了杰出人才的。

就这样过去了几年，当年的那些孩子要参加高考了。奇迹发生了，他们当中大部分人都以优异的成绩考上了大学。

后来，老教授年龄大了，离开了村子。他把预测的方法教给了新来的老师。那以后，姜村每一年仍然考出一批又一批的大学生。

那位老教授真的是能预测未来的先知吗？当然不是，事情的真相是，老教授只不过是在那些幼小孩子的心里种下了自信的种子而已。

【优秀男孩应该懂的道理】

每个男孩都是一枚不可替代的钻石，即使很粗糙，尚未经过细心的打磨，也会有发光的一面。只有不断挖掘自身的潜力，给自己埋下自信的种子，才会唤醒心中酣睡的潜能巨人。记住：我们每一个人都是天才，我们每一个人都要树立自信心，要相信自己、信任自己。我们要确信自己是聪明的、有能力的，相信自己能干好任何事情，对生活、学习中遇到的困难和挫折要有坚定的信心，在心中告诉自己："我就是天才，我可以战胜一切困难和挫折。"

NBA最矮的球员

一个做主角的非有天才不可。可是天才在于自信，在于自己的力量。

——高尔基

喜欢NBA的朋友，恐怕没有一个人不认识蒂尼·博格斯的。他的身高只有

160厘米，即便是在亚洲人的眼里也算得上是矮个子了，更不要说连两米的身高都算矮的NBA赛场了。然而，这位据说是目前NBA里最矮的球员，却是NBA里表现最为杰出、失误最少的后卫之一。他不仅控球一流、远投精准，甚至面对大个子带球上篮也毫无畏惧，为自己赢得了"矮子强盗"的美誉。

博格斯当然不是天生的篮球好手，他之所以能取得今天的成就，靠的是信念和苦练。博格斯从小就长得比较矮小，但却又非常热爱篮球，几乎每天都要与同伴在篮球场上展开一番争斗。当时他最大的梦想就是有朝一日能去打NBA，因为NBA球员不仅待遇高，而且还享有比较风光的社会地位，是所有爱打篮球的美国少年最向往的梦。但每次博格斯告诉自己的同伴，"我长大后要打NBA"时，几乎所有人都会忍不住哈哈大笑，因为他们认定一个身高只有160厘米的"矮人"，是绝无可能打NBA的。

同伴的嘲笑并没有动摇博格斯的信心。为了实现自己的理想和信念，他用比一般人多几倍的时间去练球，并最终成为全能的篮球运动员，成为NBA的最佳控球后卫，成为有名的篮球明星！博格斯说，从前听他说要进NBA而嘲笑他的同伴，现在会经常炫耀地对别人说："我小时候是和博格斯一起打球的。"想象一下，假如博格斯因为同伴的嘲笑而动摇自己的信念、放弃自己的理想，那么还会有他在NBA赛场上的叱咤风云吗？

【优秀男孩应该懂的道理】

信念是一个人所坚信其正确并为之奋斗的目标。我们应该拥有坚定的信念，相信自己总有一天会走向成功，因为我们每天都在为了目标的实现而坚持不懈地努力奋斗。坚定的信念可以帮助我们克服重重困难、跨过种种阻碍，坚定的信念可以促使我们付出积极努力的行动。在博格斯的身上，我们可以看到超凡的自信。正是在这种自信的驱动下，他敢于对自己提出更高的要求，并在失败中看到成功的希望，鼓励自己不断努力，从而获得最终的成功。如果你是一个渴望成功、渴望优秀的男孩，那么从现在开始，培养你的自信心吧！

心态训练营：培养自信心态的方法和技巧

1.为自己确立目标

确立目标既是事业成功的需要，也是激发人的潜力、最大化地创造价值的需要，所以，无论做什么事一定要有目标，有了目标，你就会想方设法地为达到目标而努力，就不会为自信以及目标以外的事情所烦恼。其实，确立目标本身就是自信的一种表现，你在心中有了目标，你的潜意识就会调动你所有的能量，为实现目标而努力。但是你在确立目标时要注意，一定要使目标切合自己的实际，不要好高骛远。否则，一旦目标实现不了，你就会因此而产生挫败感，从而打击你的自信，使你丧失信心。

2.学会自我激励

学会自我激励，要给自己一个习惯性的思想意念。别人能行，相信自己也能行；其他人能做到的事，相信自己也能做到。男孩平时要经常激励自己："我行，我能行，我一定能行。""我是最好的，我是最棒的。"特别是遇到困难时要反复激励告诫自己。这样，你就会通过自我积极的暗示机制，鼓舞自己的斗志，增加心理力量，使自己逐渐树立起自信心。

3.当众发言

在学校的课堂提问、班会上或是校外活动中，很多男孩从来不发言，因为他们害怕别人觉得自己说的话让人觉得他们很笨。其实，这种恐惧的想法并不对。一般而言，人们的承受力比想象的更强。事实上，大多数人都在和同样的恐惧做斗争。只要努力大声说出自己的想法，你就可能成为一个更好的发言者，对自己的想法也会更自信。所以，不论你是参加什么活动，每次都要主动发言，也许是评论，也许是建议或提问题，都不要有例外。而且，你不要最后才发言，要做破冰船，第一个打破沉默。也不要担心你会显得很愚蠢，不会的，因为总会有人同意你的见解。所以不要再对自己说："我怀疑我是否敢说出来。"

乐观的心态——
悲观的人虽生犹死，乐观的人永葆青春

一个穷人的烦恼

内心的欢乐是一个人过着健全的、正常的、和谐的生活所感到的喜悦。

——罗曼·罗兰

一个穷人与妻子，三对儿子儿媳妇，还有三对女儿女婿，共同生活在一间房子里，拥挤的居住环境让他感到快要崩溃了。无奈之下，他便去山上的庙里找老和尚求救。他说："我们全家十四口人住在一间房子里，整天争吵不休，我的精神快崩溃了，我的家简直是地狱，再这样下去，我就要死了。"老和尚说："你按我说的去做，情况会变得好一些。"穷人听了这话，非常高兴。老和尚得知穷人家还有一只羊、一条狗和一群鸡，便说："我有让你解除困境的办法了，你回家去，把这些家畜带到屋里，与人一起生活。"穷人一听大为震惊，但他事先答应要按老和尚说的去做，只好依计而行。

过了一天，穷人满脸痛苦地找到老和尚说："大师，你给我出的什么主意？事情比以前更糟，现在我家成了十足的地狱，家里鸡飞狗跳，那只山羊撕碎了我房间里的一切东西，它让我的生活如同噩梦。人怎么可以与牲畜同处一室呢！"

"完全正确，"老和尚温和地说，"赶快回家，把那些牲畜赶出屋去！"

第二天，穷人找到老和尚，他满脸红光、兴奋难抑，他拉住老和尚的手说："谢谢你，大师，你又把甜蜜的生活给了我。现在所有的动物都出去了，屋子显得那么安静、那么宽敞、那么干净，你不知道，我是多么开心啊！"

【优秀男孩应该懂的道理】 ⋯⋯⋯⋯⋯⋯⋯⋯⋯⋯⋯⋯⋯⋯⋯⋯⋯⋯⋯⋯⋯⋯⋯⋯⋯⋯

很多麻烦其实都是自找的，如果你不能改变压力本身，就不妨让一切顺其自然，通过调节自己对事物的认知，去接受现实，接受自己的不完美，变消极心态为积极心态。既然这个世界上没有绝对的完美，那么你就要接纳自己和他人的缺点。因为我们无法改变客观世界，能改变的只有自己的内心想法。只有男孩把道理想通了，情绪才能平和下来，才能坦然接受一切不完美的现实，这其实就是男孩重新找到快乐的开始。

孪生兄弟的不同命运

人生的道路都是由心来描绘的。所以，无论自己处于多么严酷的境遇之中，心头都不应为悲观的思想所萦绕。

——稻盛和夫

在美国，有一对名叫波恩和嘉琳的孪生兄弟。不幸的是，他们遭受了一场火灾；但同时他们又是幸运的，因为消防员从废墟里找出了他们，兄弟俩成为在火灾中仅存下来的两个人。

很快，兄弟俩被送进了当地的一家医院。虽然兄弟俩死里逃生，但他们已经被大火吞噬得面目全非。"多么英俊的两个小伙子啊！可是……"主治医师很为这一对兄弟惋惜。

兄弟俩也知道未来的生活将会怎样，于是，波恩整天就对着医生唉声叹气，他在想自己成了这个样子后还怎样见人，还怎么生活、怎么养活自己啊？渐渐地，他对未来的生活失去了信心，再也没有了活下去的勇气，他甚至总是自暴自弃地说："这样的生活太没劲了，与其这么痛苦地活着，还不如痛快地死了算了。"

不过，嘉琳却一直努力地劝波恩："要知道，在这次大火中只有我们活了下来，所以，我们的生命显得尤为珍贵，我们的生活是最有意义的。我们一定要坚强！"

不久以后，兄弟俩痊愈出院了。但是，波恩还是忍受不了别人异样的目光，在彻底绝望后，他偷偷地服了大量安眠药离开了人世。而嘉琳却艰难地生存了下来，无论遇到多么异样的目光，受到多大的冷嘲热讽，他都咬紧牙关，坚强地挺了过来。嘉琳一次次地暗自提醒自己："我一定要珍惜自己的生命，因为我的生命的价值比谁都高。"

一天，嘉琳像往常一样去加州送一车棉絮。突然，天空下起了大雨，道路开始变得很滑，嘉琳不得不放慢了汽车的速度。此时的嘉琳发现，在不远处的一座桥上站着一个人，嘉琳赶紧来了一个急刹车，车滑进了路边的一条小沟。就在嘉琳即将靠近年轻人的时候，年轻人径自跳下了河。但幸运的是，年轻人被嘉琳救了起来。但是，被救后的年轻人又连续跳了3次，直到嘉琳自己差点被大水吞没。

后来，嘉琳发现自己救的竟是一位亿万富翁，而那位亿万富翁也非常感激嘉琳，就和嘉琳一起干起了事业。嘉琳从一个积蓄不足10万元的司机，凭着自己的智慧诚信经营，最终，他发展起了一个有3.2亿美元资产的运输公司。几年后，医术发达了，嘉琳用赚来的钱修整了自己的面容。

【优秀男孩应该懂的道理】

人生是一场漫长的旅行，悲观的人只能感受到人生的漫长和煎熬，而乐观的人就能看到沿途优美的风景。

今天的你由昨天的心态造就，明天的你由今天的心态造就。我们的生活并不是由生命中所发生的事决定的，而是由我们自己面对生命的态度，以及看待事情的态度来决定的。所以，虽然我们无法改变人生，但我们可以改变人生观；虽然我们无法改变环境，但我们可以改变心境；虽然我们无法让环境来适应自己，但我们可以调整自己的态度来适应环境。当我们做到这些之后，我们就一定会有所收获！

有两个机会

永远以积极乐观的心态去拓展自己和身外的世界。

——曾宪梓

美国加州曾有位刚毕业的大学生，在一次冬季大征兵中他依法被征，即将到最艰苦也是最危险的海军陆战队去服役。这位年轻人自从获悉自己被海军陆战队选中的消息后，便显得忧心忡忡。在加州大学任教的祖父见到孙子一副魂不守舍的模样，便开导他说："孩子啊，这没什么好担心的。到了海军陆战队，你将有两个机会，一个是留在内勤部门，一个是分配到外勤部门。如果你被分配到了内勤部门，就完全用不着去担惊受怕了。"年轻人问祖父："那要是我被分配到了外勤部门呢？"祖父说："那同样会有两个机会，一个是留在美国本土，另一个是分配到国外的军事基地。如果你被分配在美国本土，那又有什么好担心的。"年轻人问："那么，若是被分配到了国外的基地呢？"祖父说："那也还有两个机会，一是被分配到和平而友善的国家，另一个是被分配到维和地区。如果你被分配到了和平友善的国家，那也是件值得庆幸的好事。"年轻人问："那要是我不幸被分配到维和地区呢？"祖父说："那同样还有两个机会，一个是安全归来，另一个是不幸负伤。如果你能够安全归来，那担心岂不多余？"年轻人问："那要是不幸负伤了呢？"祖父说："你同样拥有两个机会，一个是依然能够保全性命，另一个是完全救治无效。如果尚能保全性命，还担心它干什么呢？"年轻人再问："那要是完全救治无效怎么办？"祖父说："还是有两个机会，一个是作为敢于冲锋陷阵的国家英雄而死，一个是唯唯诺诺躲在后面却不幸遇难。你当然会选择前者，既然会成为英雄，那有什么好担心的。"

【优秀男孩应该懂的道理】 ⋯⋯⋯⋯⋯⋯⋯⋯⋯⋯⋯⋯⋯⋯⋯⋯⋯⋯⋯⋯⋯

人生充满了选择，而生活的态度就是一切。你用什么样的态度对待你的人生，生活就会以什么样的态度来对待你。只要我们乐观地面对人生，不论遭遇怎样的逆境或磨难都以乐观的心态面对，那么就会发现，生活里原来到处都可以充满阳光。

人生过程中的挫折、逆境是无法避免的，而我们唯一能做的，便是改变我们自己的心态。只要拥有乐观的态度，就能找到快乐的理由。所以，男孩应该用乐观的态度看待人生，用开朗的心情去感受生命，用虔诚的情绪去感激生活。

不要为打翻了的牛奶而哭泣

乐观是希望的明灯，它指引着你从危险峡谷中步向坦途，使你得到新的生命、新的希望，支持着你的理想永不泯灭。

——达尔文

保罗博士是纽约市一所中学的老师，他曾给他的学生上过一堂难忘的课。这个班级的多数学生常常为过去的成绩感到不安。他们总是在交完考试卷后充满忧虑，担心自己不能及格，以致影响了下一阶段的学习。

有一天，保罗博士在实验室讲课，他先把一瓶牛奶放在桌子上，沉默不语。学生们不明白这瓶牛奶和所学课程有什么关系，只是静静地坐着，望着保罗博士。保罗博士忽然站了起来，一巴掌把那瓶牛奶打翻在水槽之中，同时大声喊了一句："不要为打翻的牛奶哭泣！"然后，他叫所有的学生围拢到水槽前仔细看那破碎的瓶子和淌着的牛奶。博士一字一句地说："你们仔细看一看，我希望你们永远记住这个道理。牛奶已经淌光了，不论你怎样后悔和抱怨，都没有办法取回一滴。你们要是事先想一想，加以预防，那瓶奶还可以保住，可是现在晚了，我们现在所能做到的，就是把它忘记，然后注意下一件事。"

保罗博士的表演，使学生学到了课本上从未有过的知识。许多年后，这些学生仍对这一课留有极为深刻的印象。

【优秀男孩应该懂的道理】

"不要为打翻了的牛奶而哭泣！"多么发人深省的话语。看似简单的一句话，却意义深刻，它其实告诉了我们一种对待错误、失误的心态——不要为自己的过失而苦恼。对过去的错误，有机会补救，就尽力补救，没有机会补救，就坚决将其丢到一边，不要陷在过去的泥沼里，越陷越深，无力自拔，否则你将错失更多的东西。

生活中，我们经常可以看到，一些男孩因为自己做错了某件事，便终日陷在无尽的自责、哀怨和悔恨之中，这无疑是一种严重的精神消耗，只会令其痛苦不堪。过去的已经过去，我们为过去哀伤、遗憾，除了劳心费神，于事无补。莎士比亚曾说："聪明的人永远不会坐在那里为他们的过错而悲伤，却会很高兴地去找出办法来弥补过错。"所以，我们没有必要整日缅怀过去的错误，既然过错已经发生，我们所需要的是以积极的态度来应付不幸之事，从过错中总结经验得失，避免下一次再犯。

心态训练营：培养乐观心态的方法和技巧

1.凡事先从好处方面想

任何事物都有其两面性，这是由事物本身所决定的。只是乐观的人能看到事情比较有利的一面，期待最有利的结果；悲观的人总是看到事情不利的一面，强化不利的结果。例如同学们到校园里散步，看到花坛里的月季花盛开怒放，有同学说："哇，好美、好香的月季花呀。"另一同学说："我最讨厌月季花啦，全身是刺，不小心被它扎着好痛啊。"同样是月季花，为什么他们会有两种截然相反的看法呢？关键在于他们对待事物的看法不同。前一种人具有乐观的态度，凡事看到了好的一方面；后一种人则持有悲观的态度，看问题只从消极的方面考虑。可见，一个人的生活是否快乐幸福，关键在于他的态度。好的心态可以使人快乐进取，有朝气、有精神。消极的心态则使人沮丧、难过、没有主动性。所以，对任何事情，男孩要从好的、积极的、乐观的方面去看，生活才能过得快乐、洒脱，才能树立起积极向上的信心和决心。

2.坦然面对生活

一个人在心理状况最糟糕的状态下，不是走向崩溃就是走向希望和光明。有的人之所以有着不如意的遭遇，很大程度上是由于他们个人的主观意识在起着决定性的作用，他们选择了逃避，而事实上逃避根本解决不了任何问题。如果他们能够善待自己、接纳自己，并不断克服自身的缺陷，克服逃避心理，克服一个又一个困难，那么他们就能坦然乐观地面对生活，微笑着面对每一天，这样才有可能拥有更加完美的人生。

3.与乐观者同行

俗话说，近朱者赤，近墨者黑。研究表明，与不同心态的朋友交往会影响自己的心态。悲观主义者的消极态度会像疾病一样传染。乐观的情绪也是会感染人的。因此，男孩选择朋友的时候要选择那些乐观阳光、积极向上的朋友。选择与乐观向上的朋友交往，你的生活环境也是积极、乐观的，你的心态自然也就会受到影响。

4.爱好广泛

一个人如果仅有一种爱好，就很难保持长久的快乐感觉。试想：只爱看电视的人一旦晚上没有合适的节目，必然会郁郁寡欢。相反，如果你看不成电视时爱读书、看报或做游戏，同样可乐在其中。所以，男孩要培养自己广泛的爱好。

5.通过改变环境来调整情绪

每个人都有心情不好的时候，当你心情不好或情绪低落时，不妨去外面走走，看看世界上除了自己的痛苦之外，还有多少不幸。如果你的情绪仍不平静，就积极地去和乐观的人接触，把自己的情绪释放出来，并重建自己的信心。通常只要改变环境，你就能改变自己的心态和感情。

宽容的心态——
海纳百川，宽容的男孩能成大器

我知道谁朝我开了一枪

世界上最宽阔的是海洋，比海洋更宽阔的是天空，比天空更宽阔的是
人的胸怀。

——雨果

第二次世界大战期间，一支部队在森林中与敌人相遇激战，有两名战士与
部队分开，失去了联系。两个战友在森林中艰难跋涉，寻找大部队，他们互相鼓
励、互相安慰，十多天过去了，他们仍然未能与部队联系上。他们之所以在战场
上还能相互照顾，彼此不分，是因为他们是来自同一个小镇的朋友。

由于长时间没有联系到大部队，他们已经两三天没吃到食物了。有一天，他
们打到了一只鹿，依靠鹿肉他们又艰难地度过了几天。可是也许是战争的原因，
动物都四散奔逃，或被杀光了，他们这以后再也没有看到任何动物。仅剩下的一

点鹿肉背在年轻一点的战友身上。这一天，他们在森林的边上又遇到了敌人，经过再一次激战，他们巧妙地避开了敌人。就在自以为安全的时候，他们饥饿难忍，这时只听见一声枪响，走在前面的年轻战士中了一枪，幸亏是在肩膀，后面的战友惶恐地跑了过来，他害怕得语无伦次，抱着战友的身体泪流不止，赶忙把自己的衬衣撕开包扎战友的伤口。晚上，未受伤的战士一直叨念着母亲，两眼直勾勾的，他们都以为他们的生命即将结束。虽然饥饿，身边的鹿肉谁也没有动。天知道，他们怎么度过了那一夜，第二天，部队救了他们。

一晃，事情过去了30多年，那位受伤的战士说："我知道谁朝我开了一枪，他就是我的朋友，他去年去世了。在他抱住我的时候，我碰到了他发热的枪管，我怎么也不明白，但当晚我就宽容了他，我知道他想独吞我身上带的鹿肉活下来，但我也知道他活下来是为了他的母亲。此后的30年，我装作根本不知道此事，也从不提及。战争太残酷了，他的母亲还是没能等到他回来，我和他一起祭奠了老人家。他跪下来说，请我原谅，我没让他说下去，我们又做了二十几年的朋友，我没理由不宽容他。"

【优秀男孩应该懂的道理】

宽容是人处世的准则。只有一个拥有智慧的人，才会在心中留出一片天地给别人。当你学会宽容别人时，就是学会宽容自己；当你给别人一个改过的机会，就是给自己一个更广阔的空间！

优秀的男孩应该明白：只要是本性正直且善良的人，你就不必苛求他身上的细枝末节。别的小伙伴无意中伤害了你，你不要一门心思报复，而是要试着从心里面谅解他，努力把他变成你的朋友。当然，宽恕也要分清对象，对于某些男孩恶意的挑衅和侵犯，你要先本着"以和为贵"的心态去化解。如果对方得寸进尺、蛮不讲理，就不要继续容忍，应该坚决进行反击，捍卫自己的尊严和人格！

男孩要学会宽恕，更要把握好尺度。不轻易树敌、少招惹恶人，其实是在为自己的人际关系和事业发展铺路。只有在"仇恨袋"里多装进一些宽恕，你才会减少阻碍，增加成功的机会。

真正的民族斗士

有时宽容引起的道德震动比惩罚更强烈。

——苏霍姆林斯基

南非的民族斗士曼德拉就是一个胸怀非常宽广的人。当年，曼德拉因为领导反对白人种族隔离政策而被捕入狱，白人统治者把他关在位于大西洋一个荒岛总集中营的锌皮房里，这一关就是27年。其间，曼德拉每天早晨排队到采石场，然后被解开脚镣，下到一块很大的田地里做挖掘石灰石的艰苦工作。有时，还要从冰冷的海水里捞取海带。狱中生活非常艰难。因为曼德拉是要犯，专门看押他的看守就有3个人。

1990年，曼德拉出狱。1994年5月10日，曼德拉正式就任南非历史上第一任黑人总统。这一天，他在总统就职典礼上的举动震惊了世界。

总统就职仪式开始了，曼德拉起身致辞欢迎他的来宾。在介绍了来自世界各国的政要后，他说，令他最高兴的是当初看守他的3名狱方人员也能到场。他邀请他们站起身，以便他能介绍给大家。那一刻，曼德拉博大的胸襟和宽宏的精神感动了在场的所有的人，也更让那些残酷虐待了他27年的白人汗颜。看着年迈的曼德拉缓缓站起身来，恭敬地向3个曾关押他的看守致敬时，在场的所有来宾以至整个世界，都安静了下来。

曼德拉说起获释出狱当天的心情："当我走出囚室，迈过通往自由的监狱大门时，我已经很清楚，如果自己不能把悲痛与怨恨留在身后，那么我其实仍在狱中。"他并没有因在狱中遭受的疾苦而怨恨那3位狱卒，反而在总统就职典礼上隆重地邀请他们，善待他们，这并不是每个人都能做到的。

【优秀男孩应该懂的道理】 ·······················

　　宽容是一种博大的境界。表面上看，它只是一种放弃报复的决定，这种观点似乎有些消极，但真正的宽恕却是一种需要巨大精神力量支持的积极行为。宽容是为了那些曾经侵犯我们的人着想而做出的，它的最高境界是心灵的净化和升华，它使我们从中看到了非常强大的力量。

　　一位哲人曾经说过："以恨对恨，恨永远存在；以爱对恨，恨自然就会消失。"面对别人的伤害，我们要以德报怨，时刻提醒自己，让伤害到自己这里为止。如果你是一个大度的男孩子，不计前嫌，学会宽容，你就会赢得朋友，成就自己。

猜猜我的军衔

　　　宽容就像天上的细雨滋润着大地。它赐福于宽容的人，也赐福于被宽容的人。

——莎士比亚

　　有一次，俄国大帝亚历山大骑马旅行。这一天，他来到了俄国西部乡镇的一家小客栈，为了更好地体察民情，他决定徒步走访这个小镇。然而，在结束他的访问回客栈时，亚历山大却忘记了回去的路。

　　亚历山大正在寻找客栈时，他看到在一家旅馆门口站着一个军人。于是，他就走过去问他能否告知去客栈的路。当时亚历山大并没有穿着有官衔标志的军服，而是穿着平纹布衣的便装。

　　那军人傲慢地朝这个身穿平纹布衣的旅行者看了一眼，头一扭，不屑地说："往右走！"然后他依然叼着大烟斗不紧不慢地吸着。

　　亚历山大很真诚地说了声"谢谢"，然后又问那个叼烟斗的军人，"麻烦您告诉我到客栈还有多远呢？"

"还有1英里（1英里约合1.6公里）呢！"那军人口气很不好地说，然后又朝大帝瞥了一眼。亚历山大在向他道谢后刚走出几步又停住了，他返回来继续微笑着向军人说："请原谅，我可以再请教您一个问题吗？"

这时，那军人显得很不耐烦，他一脸傲气，似乎已经容不得别人再问什么了。五分钟之后，军人才不紧不慢地回应："你到底还有什么事？"

然而，亚历山大大帝仍旧彬彬有礼地说："如果可以的话，您是否愿意告诉我您的军衔是什么呢？"

傲慢的军人猛吸了一口烟说："那你就猜猜看嘛！"

亚历山大大帝非常风趣地猜道："您是中尉？"

那个烟鬼一般的军人的嘴唇稍微动了一下，没有说什么，但他的意思很明显，他并不止是一个中尉，他的军衔应该更高一些才对。

聪明的亚历山大大帝于是接着猜："那就是上尉喽？"

听到这里，烟鬼军人显示出一副非常得意的样子，然后他摆了摆手说："不，还要高一些。"

亚历山大大帝仍旧很友好地说："那么，你就是少校了？"

"非常正确！"烟鬼军人高傲地回答。于是，大帝非常敬佩地向他敬了礼。那位少校骄傲地转过身并摆出一副对下级训话的高贵神气，然后说："假如你不介意的话，请你也告诉我你的军衔是什么？"

亚历山大大帝也学着少校先前的方式，他乐呵呵地回答："你也猜猜看！"

"中尉？"少校猜测说。

大帝摇摇头说："不，接着猜猜！"

"上尉？"少校又猜测说。

"也不是！"大帝仍旧摇摇头说。

少校有点沉不住气了，于是走近了大帝仔细打量了一番，然后说："那么，你也是少校了？"

大帝非常镇静，他微笑着跟上校说："继续猜！"

少校已经很紧张了，他取下烟斗，原来那副高贵的神气样子也一下子消失了。他的语气开始变得十分尊敬，他低声说："那么，你一定就是部长或是将军了？"

"还是不对，不过您已经快猜到了。"大帝说。

"殿……殿下，您是陆军元帅吗？"少校开始结结巴巴了。

"我的少校，现在请您再猜一次吧！"大帝说。

"皇帝陛下！"少校已经紧张得不行了，烟斗也从手中掉到了地上。他猛地跪在了大帝面前，忙不迭地喊道："陛下，请饶恕我吧！"

"少校，您让我饶你什么呢？"大帝还是笑着说，"您并没有伤害我呀，我向您问路，您告诉了我，我还应该对您说声谢谢呢！"

【优秀男孩应该懂的道理】

宽容和忍让能够换来最甜蜜的结果。一个人经历过一次忍让，他的心胸就会更宽阔一些。多一分宽容，就会多一个朋友，少一个敌人。如果没有宽恕之心，生命就会被无休止的仇恨和报复所支配。忍让和宽容不是懦弱和怕事，而是关怀和体谅。以己度人，推己及人，我们就能与别人和睦相处，甚至能够化敌为友。宽容了别人，他人得到了解脱，露出了微笑，也会给自己带来快乐。

军官和老炊事员

该放下时且放下，你宽容别人，其实是给自己留下来一片海阔天空。

——于丹

命运把两个地位悬殊的人推到了一起：一个是年轻的指挥官，一个是年老的炊事员。他们两人在奔逃中相遇了，两个人不约而同地选择了相同的路——沙漠。追兵在沙漠的边缘止步了，因为他们不相信有人会从沙漠里活着出去。

"请带上我吧，丰富的阅历教会了我怎样在沙漠中辨识方向，我对你会有用的。"老人哀求道。指挥官麻木地下了马，他认为自己已经没有求生的资格了，他望着老人花白的双鬓，心里禁不住一颤：因为我的无能，几万个鲜活的生命从这个世界上消失了，我有责任保护这最后一个士兵。于是，他扶老人上了战马。

在这茫茫的沙海中，到处是金色的沙丘，没有一个标志性的东西，让人很难辨认方向。"跟我走吧！"老人果敢地说。指挥官跟在他的后面。灼热的阳光把沙子烤得炙热，他们喉咙干得几乎要冒烟。不幸的是，他们没有水，也没有食物。老人说："把马杀了吧！"年轻人怔了一下，唉，要想活着也只能这样了。于是，他取下了腰间的军刀。

"现在没马了，就请你背我走吧！"年轻人又怔住了，心想：你有手有脚，为什么要人背着走。这要求确实有点过分，但长期以来，他都处在深深的自责中，老人此时要在沙漠中逃生，也都是因为他不称职。年轻的指挥官此刻唯一的信念就是让老人活下去，以弥补自己的罪过。他们就这样一步一步地前进着……

一天，两天……十天……茫茫的沙漠好像无边无际，到处都是灼热的沙砾，满眼都是弯曲的线条。白天，年轻的指挥官是一匹任劳任怨的骆驼；晚上，他又成了最体贴周到的仆人。然而，老人的要求却越来越多，越来越过分。比如，他会把两人每天总共的食物吃掉一大半，会把每天定量的马血喝掉好几口。年轻人从没有怨言，他只希望老人能活着走出沙漠。

他们俩越来越虚弱了，直到有一天，老人奄奄一息了："你走吧，别管我了。"老人愤愤地说，"我不行了，还是你自己走吧！"

"不，我已经没有了生的勇气，即使活着我也不会得到别人的宽恕。"

这时，一丝苦笑浮上了老人的面容，他说："说实话，这些天来难道你就没有感到我在刁难、拖累你吗？我真没有想到，你不和我较真，你的心竟然可以包容下这些不平等的待遇。"

"我只想让你活着，你让我想起了我的父亲。"年轻人痛苦地说。老人这时解下了身上的一个布包，"拿去吧，里面有水，也有吃的，还有指南针，你朝东再走一天，就可以走出沙漠了，我们在这里的时间实在太长了……"老人闭上了眼睛。

"你醒醒，我不会丢下你的，我要背你出去。"老人勉强睁开眼睛，"唉，难道你真的认为沙漠这么漫无边际吗？其实，只要走三天，就可以出去，我只是带你走了一个圆圈而已。我亲眼看着我的两个儿子死在敌人的刀下，他们的血染红了我眼前的世界，这全是因为你。我曾想和你同归于尽，一起耗死在这无边的沙漠里，然而你却用胸怀融化了我内心的仇恨，我已经被你的宽容大度征服了。只有能宽容别人的人才配受到他人的宽容。"说完，老人永远地闭上了眼睛。

指挥官十分震惊地矗立在那儿，仿佛又经历了一场战争，又经历了一场人生的战斗。他得到了一位父亲的宽容。此时他才明白，武力征服的只是人的躯体，只有靠爱和宽容大度才能赢得人心。他放平老人的身体，怀着一颗宽容的心，向着希望走去。

【优秀男孩应该懂的道理】

宽容是一种美德，也是一种博大的智慧，它是解决仇恨的良方。对于战争给人们带来的巨大伤害，我们不能仅停留在仇恨的记忆上。因为仇恨是一切罪恶的种子，它除了能带来更多的仇恨之外，对于我们没有任何帮助。

宽容的力量是无穷的。荷兰哲学家斯宾诺沙曾说过："人心不是靠武力征服，而是靠爱和宽容大度征服。"如果一个人能原谅别人的冒犯，就证明他的心灵是超越了一切的。

心态训练营：培养宽容心态的方法和技巧

1.学会理解他人

俗话说：金无足赤，人无完人，有缺点和不足乃是人性的必然。和同学相交，和朋友相处，完全没有必要求全责备，完全可以求同存异，只要同学和朋友的缺点不是品质方面的，不是反社会的。对于朋友的缺点和不足，对于同学心情不好时所说的话和所做的事，我们没有必要斤斤计较，事事都摆个公平合理。多原谅别人，多给别人一次宽容和理解，同时也就为自己多找了一份好心境，也会使自己在个性完善的道路上又向前迈进了一步。

2.学会换位思考

在与他人发生争吵或矛盾时，我们要学会从他人的角度来看待问题，把自己置于别人的位置，并站在他人的角度来思考问题。这样不仅可以了解别人，还会赢得友谊。男孩应该经常自问："要是我处在这种情况下，我会怎么想呢？又会怎么做呢？""我现在应该为他做点什么，他的心里是不是会感觉好受一些呢？"这样，我们往往会看到问题的另一面，从而养成宽容的品格。

3.学会忘却

人人都有痛苦，都有伤疤，动辄去揭，便添新创，旧痕新伤难愈合。忘记昨日的是非，忘记别人先前对自己的指责和谩骂，时间是良好的止痛剂。学会忘却，生活才有阳光，才有欢乐。

4.学会忍让

中国有句古话，"忍一时风平浪静，退一步海阔天空"。这句古语道出了一个千真万确的真理：人要学会忍让。在我们的生活中，与同学或朋友交往时，往往会产生一些小矛盾、小摩擦。有了矛盾，有了摩擦，如果斤斤计较，以牙还牙，那么，矛盾、摩擦就会越来越大，致使积怨越来越深，一旦爆发就会酿成大祸，后果不堪设想。如果双方能够互相忍让，互相宽容，那么就会化干戈为玉帛。因此，男孩要学会忍让，学会宽容别人，得饶人处且饶人。

5.提高个人素养

宽容并不是人与生俱来的，它是随着人们知识不断地丰富、智慧不断地增加、修养不断地提高，才慢慢感悟出来的人生道理。也就是说，它与人的思想品性、社会阅历、人生抱负、文化修养等因素息息相关。所以，男孩要在生活中不断学习，完善自我，提高内在品质。

勇敢的心态——
每个男孩都应该有一颗勇敢的心

成功之门都是虚掩的

勇气不仅仅是一种美德，而且还是各种美德在经受考验时，也即在最逼真的情形下的一种表现形式。

——刘易斯·西里尔·康诺利

一次公司的工作例会上，总经理特意向全体员工宣布了一条纪律："谁也不能进保安科旁那个破烂的房间。"但是，他没有解释为什么。当时大家也没在意这条与自己毫无关系的纪律，此后也没有人违反这条"禁规"。

5个月后，公司招聘了一批员工。在全体员工大会上，总经理再次将上述"禁规"予以重申。这时，只听见一个新来的年轻人在下面小声嘀咕了一句："为什么？"总经理听了后并没有因为这位新人的不礼貌而恼怒，只是满脸严肃地答道："不为什么！"

回到岗位上，那个年轻人百思不得其解，还在思考着总经理为什么要这样做。同事劝他只管干好自己的那份差事，别的不用瞎操心。因为"听领导的，总没错"。难道那破房间里还装有金子不成？那个年轻人偏偏来了犟脾气，非要把事情弄个水落石出不可。于是他决定冒着被炒鱿鱼的危险，去那个房间探个究竟。

这天中午，他趁其他同事还在休息时，悄悄来到那间房门前。轻轻地叩了叩那扇门，没有反应。年轻人不甘心，进而轻轻一推，虚掩的门开了，原来门并没有上锁。房间里没有任何摆设，只有一张陈旧的桌子。年轻人来到桌旁，看到桌子上放着一个纸牌，上面用毛笔写着几个醒目的大字———"请速将纸牌转递给总经理"。

年轻人拿起那个已堆满灰尘的纸牌，似乎明白了什么，走出房间，乘电梯直奔10楼总经理办公室。当他自信地把纸牌交到总经理手中时，仿佛期待已久的总经理一脸笑意地宣布了一项让年轻人感到震惊的任命："从现在起，你被任命为销售部经理助理。"

在后来的日子里，年轻人果然不负所望，不断开拓进取，把销售部的工作搞得红红火火，并很快被提为销售部经理。事后许久，总经理才向众人做了如下解释："这位年轻人不为条条框框所束缚，敢于对上司的话问个'为什么'，并勇于冒着风险走进某些'禁区'，这正是一个富有开拓精神的成功者应具备的良好素质。"

【优秀男孩应该懂的道理】

其实，成功离你并不遥远，可能只是一扇门的距离，就看你是否有勇气打开这扇门。有些时候，不是我们缺少成功的能力，而是缺乏走向成功的勇气。在这个世界，机遇不会垂青等待者。许多人之所以让机遇白白溜走，就是因为在紧要关头他没有接受挑战的勇气。我们除了用终生准备姿态来面对生活外，我们还需要勇气，需要能够勇敢争取机会的勇气。

勇气是面对任何事物都无所畏惧的心理状态。如果没有勇气，不敢去尝试，你永远都不会拥有任何机会。无论做什么事，首先要有勇气。有了勇气，才敢于做事，才能最终战胜困难和挫折，到达成功的彼岸。记住，只要你鼓足勇气，勇敢地去推开那扇虚掩的门，就一定能拥有意外的收获。

一个法官的成长历程

你若想尝试一下勇者的滋味，一定要像个真正的勇者一样，豁出全部的力量去行动，这时你的恐惧心理将会为勇猛果敢所取代。

——丘吉尔

美国最受人敬重的法官艾文·班·库柏，之所以能取得人生的巨大辉煌，在很大程度上取决于他勇敢地战胜了自己的懦弱。

艾文·班·库柏生长在密苏里州贫穷的社区。父亲是移民来的裁缝师，收入微薄，经常食不果腹。小时候的库柏必须提着篮子，到附近的铁道捡拾碎煤块回家取暖。他为此觉得很难堪，总是绕过街道，不想让同伴看到。然而，同伴却经常会看到他。有一群恶少，更喜欢守在他回家的路途中，等着取笑他并打他，把他的碎煤块丢得满地，让他哭哭啼啼地回家。库柏一直难以摆脱恐惧和自卑的阴影。

胜利总是等人们准备好才出现。当他看了哈瑞特·亚格写的《罗勃特·卡夫迪的奋斗》一书之后，决定效法书中像他一样不幸的主人翁，勇敢地摆脱恐惧。

他借来亚格其他的作品，整个冬天，他都坐在寒冷的厨房内，看完一篇篇勇敢与成功的故事，不觉把自己当成书中的主角，在潜意识中培养了积极的心态。

几个月之后，库柏又去铁道捡拾煤块。远远地他看到三个恶少躲在一栋屋子后面。他第一个念头是掉头逃跑，接着，他想到书中勇敢的主角，便抓紧篮子，向前走去。

那是一场激烈的打斗。三个恶少同时向库柏扑过来，篮子掉落在地上，库柏猛力挥拳，使那些小流氓大感意外。他的右拳击中其中一个人的鼻子，左手打中他的腹部，那个恶少停止攻击，掉头跑了。另外两个人继续联手踢他、打他，他跳了起来，脚落在第二个人的身上，发疯似的，拳头如雨点般落在这个小流氓的腹部和下巴上。这个小流氓无招架之功，爬起来就跑掉了。

剩下那个带头的小流氓。他们在数秒钟里互相逼视，带头的小流氓被班严厉的目光逼得一步一步倒退，最后也跑掉了。库柏愤然捡起一个煤块，向他打过去。

直到这时候，库柏才发现自己的鼻子流血了，身上也布满了瘀紫的伤痕。值得！这是库柏生命中伟大的一天。因为，他克服了自己恐惧、懦弱的心理。

库柏的身材和一年前相差无几，他的对手还和原来一样强悍。不同的是，班下定决心不再受人欺负。从那天开始，他改变了自己的世界。

库柏打败三个街头恶少之时，再也不是胆小懦弱的库柏，而是哈瑞特·亚格书中的少年英雄罗勃特·卡夫迪。从小便不怕邪恶的库柏，长大后成了一名罪犯们害怕的法官。

【优秀男孩应该懂的道理】

勇敢，是一种优秀的心理品质。一个从小勇敢的孩子，不怕困难，不怕危险，并且能够战胜困难，在危险中学会自救。尤为重要的是，这种勇敢的表现将影响他的一生。

勇气是一种战胜恐惧的有力武器。勇气可以教人在遇到挫折时，不畏惧，不回避，而是勇敢地面对它，接受一切挑战，战胜困难。生活中，男孩如果能让自己尽早展现出勇气，并带着勇气上路的话，那么任何事情都不能阻挡他前进。

毛头小伙子的快递梦想

> 勇气是人类最重要的一种特质，倘若有了勇气，人类其他的特质自然也就具备了。
>
> ——丘吉尔

20世纪60年代中期，美国耶鲁大学的一个血气方刚的毛头小伙子写了一篇论文，文中阐述了他关于在全国范围内建立一种连夜递送邮包的快递系统的设想。但这篇具有远大眼光并基于科学分析和冒险精神的论文，却从评分教授那里得了个差评。理由是：这个年轻人的想法不切实际。

年轻人不认为自己的设想是天方夜谭，自此他开始寻找实现梦想的机会。1969年，服完兵役的他开始创业。他先是收购了一家破产企业，完成了原始积累，然后凭借家族的庞大资金支持，敢为天下之先，建立了有史以来第一家航空快递公司。

当时邮递运输业的许多资本家都不看好他的快递公司，不仅投入资金大，利润空间少，社会上对目前的运输服务也抱不信任态度。正是有这些原因，这项新行业举步维艰，初期营运持续亏损。仅一年时间内，公司亏损近2000万美元，许多亲朋好友劝他撒手，但他却坚持咬牙挺住。

他深信，随着科技的发展，渴求高效快递的服务行业一定会有极其广阔的发展前景。因为如果人们确信自己拥有价值很高而又易损的包裹能在第二天早上安全送到目的地，他们是愿意付出高额快递费的。眼下的公司亏损是因为参与快递的小包裹多，大客户少。

随着公司信用度的升高，需要快递贵重物品的大客户势必会越来越多。果然，五年后公司转入盈利，1985年，总资产达到51.83亿美元。至此，弗雷德·史密斯——这位全球最大的快递公司——联邦快递创始人，以敢于创新的冒险精神和传奇经历，当之无愧地成为当今成就最大的企业家之一。

【优秀男孩应该懂的道理】

"无险不足以言勇"。没有勇敢品质的人，不敢冲破世俗和传统习惯，不敢为天下先，不会有惊人之举，不可能做出惊天动地的事业，也不具有创新精神。在很多情况下，强者之所以成为强者，就是因为他们敢为别人所不敢为。如果你缩手缩脚，即使有比别人更新的思想，也只能错过机会，成为过时的东西。

当今社会处处充满了竞争，充满了风险，如果男孩们想很好地立足于社会，就必须具备敢于冒险、不怕困难、不怕失败的勇敢精神。

人有多大胆，地有多大产

"拿出胆量来"，那一吼声是一切成功之母。

——雨果

井植岁男是日本三洋电机公司的创办人，他在1947年创立三洋电机公司时，公司只有20个人，从一间小厂房起步，到1993年，该公司已发展成为一个跨国经营的大企业。

井植岁男性格豪放，决断大胆，处事单纯明快、不拘小节。井植岁男从姐夫的公司走出来自己创立"三洋"，是其胆识的体现。经过几十年的艰苦经营，他把"三洋"发展成为世界级的大企业，也是其胆识结出的硕果。

而许多人却因为没有胆识失去了致富的机会。

1955年，井植岁男曾试图鼓励其雇用的园艺师傅自己创业，但这位园艺师傅却因为缺乏胆量而失去一个致富的机会。

有一天，园艺师傅向井植岁男请教说："社长先生，我看您的事业愈做愈大，而我就像树上的一只蝉，一生都在树干上，太没出息了。请您教我一点儿创业的秘诀吧！"

井植点头说："行！我看你比较适合园艺方面的事业。这样好啦，在我工厂旁有2万坪空地，我们合作种树苗吧！我想种树苗出售是项有前途的事业。你知道一棵树苗多少钱可以买到？"

"40元。"

井植又说："好！以一坪地种2棵计算，扣除走道，2万坪地大约可种2.5万棵，树苗的成本刚好是100万元。三年后，一棵可卖多少钱呢？"

"大约3000元。"

"100万元的树苗成本与肥料费都由我支付，以后的三年，你负责浇水、除草和施肥工作。三年后，我们就有6000多万元的利润，那时我们每人一半。"井植岁男认真地说。

不料，那园艺师傅却拒绝说："哇！我不敢做那么大的生意。"

最后，井植只好作罢了。他无可奈何地说："要创业，必须要有胆识，否则，面对好的机会，不敢去掌握与尝试，这固然没有失败的顾虑，但是却失去了成功的机会。世上凡事都有风险，欲要成功，必须以胆量和力量去排除风险。"

【优秀男孩应该懂的道理】

胆量，是迈向成功的"第一资本"。要想不断进步，就需要不断征服，需要闯劲，需要冒险，需要不怕危险的精神和勇气。成功是可以用胆量缔造的，有一种胆量是可以穿透梦想的。生活中，你不能等别人为你铺好路，而应自己去走，去尝试，而后创造出一条自己的路。

没有超人的胆识，就没有超凡的成就。在人生中，思前想后、犹豫不决固然可以免去一些做错事的可能，但更大的可能是失去更多成功的机遇。这种得不偿失的结果对我们来说是更大的损失。因此，男孩必须有胆量，学会冒险，学会去尝试，因为生活中最大的危险就是不冒任何风险。只有敢于冒险，你才会有更多的成功机会。

心态训练营：培养勇敢心态的方法和技巧

1.培养冒险精神

勇敢与冒险是紧密相连的，适度的冒险是培养勇敢品质的重要方法。男孩具有冒险精神，有助于其情绪与身体的发展，使男孩有勇气做任何事，帮助男孩获得更多成功的机会。这就好比金融投资中所说的"风险越大，受益可能就越多"。反之，不冒任何风险相当于没有投资，那就不可能获利。因此，男孩们立志要做男子汉，要在前进道路上有所作为，就必须敢于冒险。你没有必要去担心或惧怕，你应该打破你的规矩，突破你的闭锁，发挥敢为人先的冒险精神，去体验冒险给你带来的快乐及成功。

2.树立自信心

树立自信心是战胜胆怯退缩的重要法宝。胆怯退缩的人往往是缺乏自信的人，他们对自己是否有能力完成某些事情表示怀疑，结果可能会由于心理紧张、拘谨，使得原本可以做好的事情弄糟了。因此，我们在做一些事情之前就应该为自己打气，相信自己有能力发挥自己的水平，然后按照想法自己去努力就可以了。

3.敢于尝试

做任何事，如果不去尝试，就永远都不会知道结果。尝试过后或许会失败，但是却可以从失败中吸取教训，从而为下一次的尝试做准备。尝试是人们取得成功的前提，没有尝试就没有成功，没有尝试就没有创造发展，没有尝试就没有个人的发展和社会的发展和进步，因为安于现状的人不会去尝试做什么，自然不会取得什么成功。在人生的道路上，如果我们连尝试的勇气都没有，那么我们的人生就会像一杯平淡无味的白开水，少了生命中不同尝试带来的不同结果所给予的缤纷绚丽的色彩。这样的你，又怎能体味到生命的精彩呢？

4.区分勇敢和鲁莽

生活中，很多人认为只要坚强大胆、不畏艰险、迎难而上，就是勇敢。事实并非如此，真正的勇敢并不等于鲁莽，二者虽有共同之处，即胆量大，但勇敢者是冷静的，他能机智、细心地应对挑战，处理问题；鲁莽者则是胆大妄为，举止轻率，虽不惧艰险，却缺少思维和理智的判断，意气用事，最后只能事倍功半甚至使问题更严重。

积极的心态——
心态积极，天下无敌

停止抱怨，改变心态

少指责，少抱怨，少后悔，就能成功。

——于丹

有一个小药店的店主，一直想找一个能干一番大事业的机会。每天早晨他一起来，就希望自己今天能够得到一个好机会。然而，好长时间过去了，他认为的机会并没有出现。对此，他抱怨不已，他认为自己有干大事业的本事，却没有干大事业的机会。生活中的大部分时间他并不是去研究市场，而是经常去花园里"散心"，他经营的小药店也为此而门庭冷落了。

后来，这个药店的店主战胜了自己这种消极的态度。那么，他是怎么做的呢?他的办法其实很简单：就是无论什么人，不管他们的地位是高还是低，自己都主动地去和他们接触。

有一天，他这样问自己："我为什么一定要把自己的希望、自己未来的奋斗目标寄托在那些自己一无所知的行业上呢?为什么不能在自己现在相对熟悉的医药行业干出一番大事业来呢?"

于是,他下定决心摆脱自己以前的那种怨天尤人的心态,从自己的药店做起,他把自己的这一事业当作一种极为有兴趣的游戏,以此来促进他生意的发展。他让自己用那种发自内心的热情告诉别人,他是如何尽量提高服务质量使顾客满意,以及他对药店这一行业有多么大的兴趣。

如果附近的顾客打电话来买东西,他就会一面接电话,一面举手向店里的伙计示意,并大声地回答说:"好的,赫士博克夫人,二十片安眠药,一瓶三两的樟脑油,还要别的吗?"

"赫士博克夫人,今天天气很好,不是吗?还有……"他尽量想些别的话题,以便能和她继续谈下去。

在他和赫士博克夫人通电话的同时,他指挥着伙计们,让他们把顾客所需要的东西以最快的速度找出来。而这时负责送货的人,脸上带着笑容,正忙着穿外衣。在赫士博克夫人说完她所要的东西之后不到一分钟,送货的人已带着她所需要的东西上路了。而他则仍旧和她在电话中闲谈着,直到等她说:"呵,瓦格林先生,请先等一等,我家的门铃响了。"

不一会儿,她就在电话中说:"喂,瓦格林先生,刚才敲门的就是你们的店员,他给我送东西来了!我真不知道你怎么会这么快,实在是太不可思议了。我打电话给你还不过半分钟呢!我今天晚上一定要把这事告诉赫士博克先生。"

因为他这里有优质的服务,过了不久,几条街以外的居民也都舍近求远地跑到他的店里来买药了。以至于后来城里好多别的药店老板都跑到他这儿来取经,他们不明白,为什么偏偏他的生意会做得这样好?

这便是查尔斯·瓦格林成功的方法,也正是这一方法,使得他的小药店生意兴隆,其分店几乎在全美国遍地开花,以前所未有的速度迅速地占领了美国医药业的零售市场。在当时的美国医药零售业中,他的公司拥有的分店数量及其规模占全国第二,并且他的事业还在继续健康地发展下去。

【优秀男孩应该懂的道理】

有句话说得好,"如果你想抱怨,生活中一切都会成为你抱怨的对象;如果你不抱怨，生活中的一切都不会让你抱怨"。要知道，一味地抱怨不但于事无补，有时会把事情变得更糟。所以，不管现实怎样，我们都不应该抱怨，而要保持积极的心态，靠自己的努力来改变现状。男孩也是如此。

生活中，有些男孩总是不停抱怨：父母管得太严；老师不近人情；同学总是找麻烦；作业太多……诸如此类的抱怨是不少男孩的生活写照，他们整天处在一个消极的生活态度中，一种不公平感使他们的心中充满了不满、抱怨，甚至愤怒。如果一个男孩总是抱怨自己的命运，把自己的不幸归咎于他人，这样只会影响到他的学习和生活。所以，与其抱怨，不如改变自己的心态，努力学习，用自己的行动点燃人生的蜡烛，照亮通往成功的旅途。只有不抱怨，才能够更快乐地生活和学习，才能够取得优异的成绩，才能够让你自己更受益！

一切都是最好的安排

心态若改变，态度跟着改变；态度改变，习惯跟着改变；习惯改变，性格跟着改变；性格改变，人生就跟着改变。

——马斯洛

很久以前，有一个国王对打猎情有独钟。有一次，他带领手下在杂草丛生的森林中追赶猎物时，不幸被树枝扎瞎了一只眼睛，国王本人悲痛难忍，随行人员也为之惋惜。可一个深受国王宠爱的大臣不论遇上什么事，他总是愿意去看事物好的那一面，此时说了句口头禅："很好，这是件好事。"

国王听了非常生气地说："你真是胆大包天，我的一只眼睛都没了，你还认为这是好事！"

大臣解释说："大王啊！刺瞎一只眼睛总比少了一条命来得好吧！不好的事情都有好的一面，想开一点，一切都是最好的安排！"

国王说："如果我把你关进监狱，这也是最好的安排?"

智慧大臣微笑说："如果是这样，我也深信这是好事。"

国王勃然大怒，于是下令把他抓进了牢房。这位大臣仍笑着说："这很好，这是件好事。"人们都认为这位大臣神经有毛病，没有搭理他。

过了些日子，国王的伤口痊愈，又兴致勃勃地带领一帮大臣到深山去打猎。这次由于追逐猎物太远，不知不觉迷了路，结果误入了食人部落并被活捉。食人部落将这些入侵者的头全部割下来作祭品供奉天神，当食人部落准备杀国王的时候，发现国王瞎了一只眼，根据部落的规矩，不完整的祭品属于冒犯神灵的不洁之物，供给天神是会受到惩罚的。这个部落的人只好把国王押下祭坛，并驱逐出境。大难不死的国王在山林里转了好几天，终于找到了回家的路。

脱困的国王大喜若狂，飞奔回宫，忽然想起了那位被关入大牢的大臣说过的话，觉得很有道理，立即命令人把他从大牢里放出来，在御花园设宴，为自己保住一命而庆祝，同时向他道歉。

国王边向大臣敬酒边说："你说的真是一点也不错，果然，一切都是最好的安排!如果不是曾被刺瞎了眼睛，今天我连命都没了。"

大臣笑着对国王说："恭喜大王对人生的体验有了新的境界。"

国王还是略带不解地问大臣说："我侥幸逃回一命，固然是好事，可是你在监狱里蹲了一个月，难道这也是好事?"

"大王，这绝对是好事啊，臣应该感激大王才是。"

国王不明白为什么自己误会了大臣、让他遭受坐牢之苦，他反而会感谢国王。大臣解释说："您把我关在牢中当然是好事。大王不妨想想，若不是您把我抓起来，我一定会随大王去打猎，一定会和其他大臣一样被食人部落杀头献祭。正是因为大王把我关在牢里，我才幸运地躲过一劫啊。"

【优秀男孩应该懂的道理】

凡事往好处想，内心便充满阳光，这种乐观的积极向上的心态，会激发我们的生命力，永远拥有成功的信心和希望，即便我们身处绝境，也能以豁达开朗的心胸面对未来。

生活并非一帆风顺，优秀的男孩要把握积极心态的关键：遇到危机时，要看到危机后面的转机；遇到压力时，要看到压力后面的动力；遇到挫折时，要看到挫折后面的成功。只有怀着积极的心态，我们才能欣赏到好的风景。

比特的成功

态度决定成败，无论情况好坏，都要抱着积极的态度，莫让沮丧取代热心。生命可以价值极高，也可以一无是处，随你怎么去选择。

——吉格斯

在美国，有一个叫比特的人，他从小到大，做什么事都比别人慢半拍。在学校，同学讥笑他笨，老师也说他学习不努力。但是，无论他怎么试图去做好、去改变自己，却从来也达不到心中的目标。直到上了九年级后，比特才被医生诊断出患有动作障碍症。高中毕业时，比特知趣地申请了10所全美最一般的学校，他想怎么也会有一所学校录取他。可让他失望的是，直到最后，没有一所学校给他发录取通知书。

比特后来看了一份广告，广告语是这样的："只要交来250美元，保证可以被一所大学录取。"他付了250美元，结果，真的有一所大学给他寄来了录取通知书。看到这所大学的名字，比特马上想起了几年前一份报纸上关于这所大学的报道："这是一所没有不及格的学校，只要学生的爸爸有钱，没有不被录取的，但这些学生不会成功。"当时比特只有一个信念："我要用未来去证实这个错误的说法。"

比特在这所大学上了一年后，就转到了另外一所大学。大学毕业后，他顺利地进入了房地产行业。22岁时，他开了一家属于自己的房地产公司。从此，他建造了近一万座公寓，遍布美国的四个州。他很快就拥有了900家连锁店，资产累计达数亿美元。后来，比特又进入银行业，做到总裁的职位。

很多人都很想知道这样一位"笨"孩子到底是怎么走向成功的。对此，比特给人们讲述了以下三点内容：

第一，每个人都有自己最强的一项，有人会写，有人会算，对有些人难的，对另一些人简直容易得如"小菜一碟"。我想强调的是：一定要做最适合自己的事情，不要迎合别人的口味而去做一件不属于自我，但是又要付出一生代价的"难事"。

第二，我非常幸运自己有如此谅解我、对我容忍又耐心的父母，如果有一个考题，别人只花15分钟，而我必须用两个小时完成的时候，我的父母从来不会因此而打击我。对于我的父母来说，只要自己的儿子尽力而为了，就是他们的目的。

第三，我从不跟自己的同班同学竞争，如果我的同学又高又大，跑得很快，而我又小又矮，为什么一定要跟他们比呢？知道自己在哪里可以停止，这非常重要。我也曾经问过自己千百次，为什么别人可以学习得轻松？为什么我永远回答不了问题？为什么我考试总是不及格？当知道自己的病症以后，我得到了专业人士的关爱和解释。理解自己和理解周围，也非常重要。

【优秀男孩应该懂的道理】

比特的回答为他的成功做出了诠释。一个"慢半拍"的孩子，在身体素质、学习成绩等方面都不如别人，但他并没有因此而放弃自己。相反，他以一种积极的心态，找到自己的定位点，然后一步一个脚印地努力前行，最终取得了成功。这种积极的心态是值得男孩学习的。

对于男孩来说，积极心态就是面对学习、问题、困难、挫折、挑战和责任，从正面去想，从积极的一面去想，从可能成功的一面去想，积极采取行动，努力去做。

没有什么不可能

永远以积极乐观的心态去拓展自己和身外的世界。

——曾宪梓

汤姆·邓普西生下来的时候，只有半只脚和一只畸形的右手。父母从来不让他因为自己的残疾而感到不安。结果是任何男孩能做的事他也能做。如果童子军团行军10英里（1英里约合1609米），汤姆也同样走完10英里。

后来他要踢橄榄球，他发现，他能把球踢得比任何在一起玩的男孩子远。他要人为他专门设计一只鞋子，参加了踢球测验，并且得到了冲锋队的一份合约。

但是教练却尽量婉转地告诉他，说他"不具有做职业橄榄球员的条件"，请他去试试其他的职业。最后他申请加入新奥尔良圣徒球队，并且请求给他一次机会。教练虽然心存怀疑，但是看到这个男孩这么自信，对他有了好感，因此就收了他。

两个星期之后，教练对他的好感更多，因为他在一次友谊赛中踢出55码远得分。这种情形使他获得了专为圣徒队踢球的工作，而且在那一季中为他的一队踢得了99分。

然后到了最伟大的时刻，球场上坐满了6万多名球迷。球是在28码（1码约合0.9144米）线上，比赛只剩下了几秒钟，球队把球推进到45码线上，但是根本就可以说没有时间了。"邓普西，进场踢球！"教练大声说。

当汤姆进场的时候，他知道他的队距离得分线有55码远，是由巴第摩尔雄马队的毕特·瑞奇踢出来的。

球传接得很好，邓普西一脚全力踢在球身上，球笔直地前进。但是踢得够远吗？6万多名球迷屏息观看，接着终端得分线上的裁判举起了双手，表示得了3分，球在球门横杆之上几英寸的地方越过，汤姆一队以19比17获胜。球迷狂呼乱叫，为踢得最远的一球而兴奋，这是只有半只脚和一只畸形的手的球员踢出来的！

"真是难以相信。"有人大声叫，但是邓普西只是微笑。他想起他的父母，他们一直告诉他的是他能做什么，而不是他不能做什么。他之所以创造出这么了不起的记录，正如他自己说的："他们从来没有告诉我，我有什么不能做的。"

【优秀男孩应该懂的道理】

人生没有达不到的高度，只有不愿攀登的心。林语堂先生讲过一句话："为什么世界上95%的人都不成功，而只有5%的人成功？因为在95%人的脑海里，只有三个字'不可能'。"的确，大多数人常常被"不可能"三个字困扰，这三个字无时无刻不在侵蚀着他们的意志和理想，其实，这些"不可能"大多是人们的一种想象，只要拿出积极的心态，那些"不可能"就会变成"可能"。如果你认为自己的愿望永远不可能实现，那它也永远只能是你的愿望；如果你相信愿望终会变成现实，那这就没有什么不可能。不要在心里为自己设限，那将是你无法逾越的障碍。

人的潜能是巨大的，一个人只有具备积极的自我意识，才会知道自己是个什么样的人，并知道能够成为什么样的人，从而才能积极地开发和利用自己身上的巨大潜能，将不可能的事变成可能，干出非凡的事业来。所以，男孩要相信：只要不自我设限，就不会再有任何限制；突破自我，任何事情都不能阻止自己。

心态训练营：培养积极心态的方法和技巧

1.用积极的眼光看事物

凡事不要随便发牢骚、看不到周围环境和他人的好，要善于把眼光放在生活中美好的事物上，经常欣赏自然美和艺术美，使自己的心灵被美的东西所陶冶，美好的感觉不经意间就在生活中自然流露出来，使生活处处洋溢着幸福美好。

2.热爱运动

有专家做过调查：人在运动的时候，体内会产生快乐的成分，会让人觉得快乐。我们在日常生活中也不难发现，运动员或者是喜爱运动的人一般都会比较开朗、乐观。因此，男孩喜爱一项体育运动并坚持住，同样会拥有积极的心态。

3.自我激励

很多男孩在遭遇挫折或困难时，总对自己说："真倒霉，这次完蛋了，糟糕透了，我太不幸了。"是不是事情真的有那么糟糕呢？肯定不是，关键是自己的心态，自己对困难产生了一种恐惧，并夸大了后果。要相信，办法总比困难多。所以，永远都不要对自己说"我不行，我不能，我不会，我干不好，我会失败"等。我们应该用积极的暗示鼓励自己，要经常对自己说"我是最好的"，"我是最棒的"。遇到困难时告诉自己"没什么大不了的，一切都会过去"；失败时，对自己说"我依然是我，明天又是新的一天"。再有，当我们考试失利时，情绪低落时，对着镜子微笑，并对自己说："没事，这只是一个小考验，相信自己，加油！加油！"

4.要与思想积极的人交往

人往往在不知不觉中受到别人的影响，因此男孩择友务必慎重。男孩最好远离个性温暾的人，使自己常处在积极的气氛中，最应该交的朋友是有干劲、态度乐观、爽朗、处事练达的人。

谦虚的心态——
谦虚使人进步，骄傲使人落后

我只是站在巨人们的肩上

无论在什么时候，永远不要以为自己已经知道了一切。不管人们把你评价得多么高，你永远要有勇气对自己说：我是个一无所知的人。

——巴甫洛夫

近代科学的开创者牛顿，在科学上做出了重大贡献。他的三大成就——光的分析、万有引力定律和微积分学，为现代科学的发展奠定了基础。纵然他取得了令人瞩目的成就，但他从不沾沾自喜、自以为很了不起。

当年，牛顿费尽心血，算出"万有引力定律"后，没有急于发表，而是继续孜孜不倦地深思了数年，研究了数年，埋头于数字计算之中，从未对任何人讲过一句。后来，牛顿的朋友，大天文学家哈雷（彗星的发现者），他在证明一个关于行星轨道的规律遇到困难时，专程登门请教牛顿。牛顿把自己关于计算"万有引力"的书稿交给哈雷看。哈雷看后才知道他所要请教的问题，正是牛顿早已解决、早已算好的问题，心里钦佩不已。

在1684年11月的某一天，哈雷又到牛顿的寓所拜访。当谈到有关天文学的学术问题时，牛顿拿出论证"万有引力"的论文，请哈雷提意见。哈雷看后，对这巨著感到非常惊讶。他欣喜地对牛顿说："这真是伟大的论证、伟大的著作！"他再三奉劝牛顿尽快发表这部伟大著作，以造福人类。可是牛顿没有听信朋友的好意劝告去轻易地发表自己的著作，而是经过长时间的一丝不苟的反复验证和计算，确认正确无误后，才于1687年7月将《自然哲学的数学原理》发表于世。

牛顿是个十分谦虚的人，从不自高自大。曾经有人问他："你获得成功的秘诀是什么？"牛顿回答说："假如我有一点微小成就的话，没有其他秘诀，唯有勤奋而已。"他又说，"假如我看得远些，那是因为我站在巨人们的肩上。"

这些话多么意味深长啊！它生动地道出牛顿获得巨大成就的奥秘所在，这就是站在前人研究成果的基础上，以献身的精神，勤奋地创造，开辟出科学的新天地。

【优秀男孩应该懂的道理】

"宽阔的河流平静，学识渊博的人谦虚"。凡是对人类发展做出巨大贡献的人物都有谦虚的美德。谦虚的品德，能使一个人面对成功、荣誉时不骄傲，把它视为一种激励自己继续前进的力量，而不会陷在荣誉和成功的喜悦中不能自拔，把荣誉当成包袱背起来，沾沾自喜于一得之功，不再进取。

谦虚是一种美德，但这种美德在现在的一些男孩身上很难发现。生活中，有的男孩拥有了某一方面的特长，就觉得自己很厉害，从而就骄傲起来；有的男孩考试成绩好，就瞧不起成绩差的同学，甚至觉得自己什么都比人家厉害。俗话说：谦受益，满招损。骄傲自大对男孩的成长很不利。因此，男孩学会谦虚是非常重要的，否则就会让自己始终处在一种自大之中，甚至不可一世。

不要狂妄自大

> 骄傲自满是我们的一座可怕的陷阱；而且，这个陷阱是我们自己亲手挖掘的。
>
> —— 老舍

清代有名的经学家、史学家、文学家毕秋帆是江苏人，与司马光的《资治通鉴》相媲美的《续资治通鉴》就是他编纂的。 乾隆三十八年，毕秋帆任陕西巡抚。赴任的时候，经过一座古庙，毕秋帆进庙内休息。一个和尚坐在佛堂上念经，人报巡抚毕大人来了，这个老和尚既不起身，也不开口，只顾念经。毕秋帆当时只有四十出头，壮年得志，自己又中过状元，名满天下，见老和尚这样傲慢，心里很不高兴。老和尚念完一卷经之后，离座起身，合掌施礼，说道："老衲适才佛事未毕，有疏接待，望大人恕罪。"毕秋帆说："佛家有三室，老法师为三宝之一，何言疏慢？"随即，毕秋帆上坐，老和尚侧坐相陪。 交谈中，毕秋帆问："老法师诵的何经？"老和尚说："《法华经》。"毕秋帆说："老法师一心向佛，摒除俗务，诵经不辍，这部《法华经》想来应该烂熟如泥，不知其中有多少'阿弥陀佛'？"老和尚听了，知道毕秋帆心中不满，有意出这道题难他，因此不慌不忙，从容地答道："老衲资质愚钝，随诵随忘。大人文曲星下凡，屡考屡中，一部《四书》想来也应该烂熟如泥，不知其中有多少'子曰'？"毕秋帆听了不觉大笑，对老和尚的回答极为赞赏。献茶之后，老和尚陪毕秋帆观赏菩萨殿宇，来到一尊欢喜佛的佛像前，毕秋帆指着欢喜佛的大肚子对老和尚说："你知道他这个大肚子里装的是什么吗？"老和尚马上回答："满腹经纶，人间乐事。"毕秋帆不由连声称好，因而问他："老法师如此捷才，取功名容易得很，为什么要抛却红尘，皈依三宝？"老和尚回答说："富贵如过眼烟云，怎么比得上西方一片净土！"两人又一同来到罗汉殿，殿中十八尊罗汉各种表情，各种姿态，栩栩如生。毕秋帆指着一尊笑罗汉问老和尚："他笑什么呢？"老和尚回答说："他笑天下可笑之人。"毕秋帆一顿，又问："天下哪些人可笑呢？"老和尚说："恃才傲物的人，可笑；贪恋富贵的人，可笑；倚势凌人的人，可笑；钻营求宠的人，可笑；阿谀逢迎的人，可笑；不学无术的人，可笑；自作聪明的人，可笑……"毕秋帆越听越不是滋味，连忙打断他的话，说道："老法师妙语连珠，下官领教了。"说完深深一揖，便带领仆从离寺而去。从此，毕秋帆再也不敢小看别人了。

【优秀男孩应该懂的道理】

一个人有了才能是好事，但如果因为自己的才能出众而狂妄自大就不是什么好事了。狂妄往往是与无知和失败联系在一起的，人一狂妄往往就会招人反感，自然也很难得到别人的认可。所以，优秀的男孩应该知道，一个人不管自己有多丰富的知识，取得了多大的成绩，或是有了何等显赫的地位，都要谦虚谨慎，不能自视过高。只有心胸宽广、博采众长，才能不断地丰富自己的知识，增强自己的本领，进而创造出更大的业绩。

掉入水中的博士生

谦虚的学生珍视真理，不关心对自己个人的颂扬；不谦虚的学生首先想到的是炫耀个人得到的赞誉，对真理漠不关心。思想史上载明，谦虚几乎总是和学生的才能成正比例，不谦虚则成反比。

——普列汉诺夫

这一年，王立伟获得了博士学位后，被分配到一家研究所工作，他成了研究所中学历最高的一个人。有一天，王立伟闲来无事，就到研究所旁的一个小池塘去钓鱼，恰巧正副两位所长也在钓鱼。他只是微微点了点头，没有说话。

不一会儿，正所长放下钓竿，伸伸懒腰，噔噔噔地从水面上如飞地走到对面上厕所。王立伟眼睛瞪得都快掉下来了，水上飞？不会吧？这可是一个池塘啊。正所长上完厕所回来的时候，同样也是噔噔噔地从水上漂回来了。怎么回事？王立伟又不好去问，自己是博士生啊！

过一阵儿，副所长也站起来，走几步，噔噔噔地飘过水面上厕所。这下子博士更是差点昏倒：不会吧，到了一个武林高手集中的地方？

过了一会儿，王立伟也内急了。这个池塘两边有围墙，要到对面厕所非得绕十分钟的路，而回研究所上又太远，怎么办？王立伟又不愿意去问两位所长，憋了半天后，也起身往水里跨：我就不信本科生能过的水面，我堂堂的博士过不去！

只听"扑通"一声，王立伟一下子沉到了水里。两位所长慌忙把他拉上来，问他为什么要下水。王立伟尴尬地问："为什么你们可以走过去呢？"

两所长一愣，然后相视一笑："你不知道，这个池塘里有两排木桩子，由于这两天下雨涨水正好在水面下。我们都知道这木桩的位置，所以能踩着桩子过去。你怎么不问一声呢？"

王立伟落水的原因，其实是因为他自恃高明而不屑于向别人求教。

【优秀男孩应该懂的道理】

现实中，像王立伟这样的人很多，他们自己估价过高，瞧不起他人，不懂装懂，结果不仅使自己丢脸于人前，而且还造成工作上的失误。其实，人的能力是有限的，每个人都不是全才，你可能在某一方面是权威、专家，但是在其他方面就可能知之甚少了，这就需要你向别人学习、不耻下问。

虚心求教、不耻下问是获得知识的最有效途径。它可以使你永远把自己置于学习的地位，并有助于你发现他人的优点，认识自己的不足。因此，男孩必须牢记：一定要以谦虚之心对待他人，不断向他人学习。只有谦虚好学，你才能更快更好地成长。

谦虚的贝罗尼

一知半解的人，多不谦虚；见多识广有本领的人，一定谦虚。

—— 谢觉哉

贝罗尼是19世纪的法国名画家。有一次，他到瑞士去度假，背着画架到日内瓦湖边写生。旁边来了三位英国女游客，看了他的画后，便在一旁指手画脚地批评起来，一个说这儿不好，一个说那儿不对。贝罗尼都一一修改过来，末了还跟她们说了声谢谢。第二天，贝罗尼又遇到了那三位妇女，她们正交头接耳不知在讨论些什么。过了一会儿，那三个妇女走过来问他："先生，我们听说大画家贝罗尼正在这儿度假，所以特地来拜访他。请问你知不知道他现在在什么地方？"贝罗尼朝她们微微弯腰，回答说："不敢当，我就是贝罗尼。"三位英国妇女大吃一惊，想起昨天的不礼貌，一个个红着脸跑掉了。

【优秀男孩应该懂的道理】

世界上只有虚怀若谷的求知者，没有狂妄自大的成功者。一个人只有认为自己一无所知才能让自己不断进步，这就是贝罗尼以及所有人的成功之道。

生活中，有些人总觉得自己比其他人懂得多，见识也广，以至于在很多时候总是表现出比其他的人高人一等的姿态。事实上，骄傲的真正原因并非是因为他们是饱学之士，而是因为他们对自己缺乏足够的了解，他们可能有一点点本事，总以为自己天下第一，这一难以克服的缺点，使得他们虽然在某些方面较之其他的人要优秀，却真正难以获得长足的进步和发展，甚至还可能导致人生惨败。所以，男孩们应该引以为戒，戒骄戒满，做人谦虚一些、谨慎一些，多一点自知之明为好。

心态训练营：培养谦虚心态的方法和技巧

1.正确面对他人的批评

正确面对批评和建议是终身的学问。生活中，有的男孩只希望得到别人的赞扬，一听别人的批评就不高兴，甚至骂人。比如说他懒惰、指出他作业中的错误，他就翻脸不认人。这是不谦虚的表现。谦虚的人敢于承认错误，勇于接受批评。优秀的男孩应该懂得谁都会有缺点、都可能犯错误，伟大人物也是这样，要正视自己的缺点，虚心接受他人的批评和建议。

2.正确地认识自己

不管你多么有才华，总有一些事情你是办不到的，你应该了解这一点。你可以找一张纸写下自己做不到但是别人能做到的事情，这可以让你更真实地接纳自己——既不自夸也不过分自卑。

3.正确认识老师、同学

骄傲的表现：看不起同学，看不起老师，不尊重老师，对老师缺乏礼貌。你应该冷静地想一想，每个同学都有比自己强的地方，而老师在德才上更有很多值得自己学习的地方，而不应该眼睛总盯着同学不如自己的地方，也不应该抓住老师的一点"小毛病"加以夸大，进而不尊敬老师。所以，我们应该要抱着虚心向同学或老师学习的态度，学习知识与技能，增长自己的知识，开阔自己的视野。

4.正确认识知识

我们要看清楚自己所处的位置，认识到自己的知识的局限性，以正确的态度，去学习，去进步，去发展自己。面对无穷无尽的知识，我们更应该保持谦虚的态度，学无止境，一生都应该不断地学习，努力地向前。

竞争的心态——敢于竞争，不做逃兵

向竞争对手学习

一个聪明人从敌人那里得到的东西比一个傻瓜从朋友那得到的东西更多。

——格拉西安

布朗的父母不幸辞世，给他和弟弟杰克留下了一个小小的杂货店。微薄的资金，简陋的设施，他们靠着出售一些罐头和汽水之类的食品，勉强度日。

兄弟俩不甘心这种穷苦的状况，一直寻找发财的机会。

有一天，布朗问弟弟杰克："为什么同样的商店，有的赚钱，有的只能像我们这样惨淡经营呢？"

杰克回答说："我觉得我们的经营有问题，假如经营得好，小本生意也是可以赚钱的。"

"可是，怎样才能经营得好呢？"于是，他们决定经常去其他商店看一看。

有一天，他们来到一家"消费商店"，这家商店顾客盈门，生意红火，引起了兄弟俩的注意。他们走到商店外面，看到门外一张醒目的告示上写着："凡来本店购物的顾客，请保存发票，年底可以凭发票额的3%免费购物。"

他们把这份告示看了又看，终于明白这家商店生意兴隆的原因了。原来顾客是贪图那"3%"的免费商品。

他们回到自己的店里，立即贴了一个醒目的告示："本店从即日起，全部商品让利3%，本店保证所售商品为全市最低价，如顾客发现不是全市最低价，本店可以退回差价，并给予奖励。"

就是凭借这种向竞争对手学习的智慧，布朗兄弟俩的商店迅速扩大，成为世界上最大的连锁商店之一。

【优秀男孩应该懂的道理】

向竞争对手学习是最现实、最有效的成功捷径。每个人身上都有值得我们学习的优点，尤其是在竞争日益激烈的今天，向你的竞争对手学习，不断完善自己，不断壮大自己，越来越显示出其必要性和迫切性。

在通往成功的道路上，我们需要拔刀相助的朋友，更需要势均力敌的对手。对手既是我们的挑战者，又是我们的同行者，对手可以唤起我们挑战的冲动和欲望。因为竞争使我们成长得更快，所以，竞争对手又是我们最好的学习者。学习对手的长处，总结对手的成功经验，吸取对手的教训，避免重犯对手犯过的错误，才能更好地提升自己的竞争能力。

为对手喝彩

无论在哪儿，无论做什么，我们都会遇到对手。我们太习惯于把对手列为敌人，太习惯于嫉妒甚至诽谤。其实一个人的真正成长却是从真诚地欣赏对手开始的。

——张爱玲

1936年，举世瞩目的奥运会在柏林举行。当时正是法西斯势力猖狂的年代，希特勒想借奥运会来证明雅利安人种的优越。

　　当时田径赛的最佳选手是美国的杰西·欧文斯，在纳粹一再叫嚣把黑人赶出奥运会的声浪下，欧文斯仍鼓足勇气报名参加此次运动会的100米跑、200米跑、4×100米接力和跳远比赛。在这4个项目中，德国只在跳远项目上有一位优秀选手可与欧文斯抗衡，他就是鲁兹·朗。希特勒亲自接见鲁兹·朗，要他一定击败欧文斯——黑种人的欧文斯。

　　跳远预赛那天，希特勒亲临观战。鲁兹·朗顺利进入决赛。轮到欧文斯上场了，但场外种族歧视的声音使他很紧张。他第一次试跳便踏线犯规；第二次他为了保险起见从距跳板很远的地方便起跳了，结果跳出了非常坏的成绩；还有最后一跳，欧文斯一次次起跑，一次次迟疑，不敢完成最后的一跳。

　　这时希特勒退场了，他认为这个低劣的黑种人已经没有任何机会。在希特勒退场的同时，鲁兹·朗走近欧文斯。他用结结巴巴的英语对欧文斯说，他去年也曾遇到同样的情形，结果只用了一个小窍门就解决了。鲁兹·朗取下欧文斯的毛巾放在起跳板后数英寸处，说起跳时注意那个毛巾就不会有太大误差了。欧文斯照做，结果几乎破了奥运会的纪录。

　　几天后决赛，鲁兹·朗率先破了世界纪录，但随后欧文斯以微弱优势战胜了他。贵宾席上的希特勒脸色铁青，看台上本来情绪高昂的德国观众也变得情绪低落。这时鲁兹·朗拉住欧文斯的手，一起来到聚集了12万德国人的看台前，他将欧文斯的手高高举起，高声喊道："杰西·欧文斯！杰西·欧文斯！……"

　　看台上先是一阵沉默，然后是突然爆发的齐声呼喊："杰西·欧文斯！杰西·欧文斯！……"欧文斯举起另一只手来答谢。

　　等观众安静下来以后，欧文斯举起鲁兹·朗的手，竭尽全力喊道："鲁兹·朗！鲁兹·朗！……"全场观众也同时响应："鲁兹·朗！鲁兹·朗！……"没有诡谲的政治，没有种族的歧视，没有狭隘的嫉妒，选手和观众都沉浸在君子之争的感动之中。

　　杰西·欧文斯创造的世界纪录保持了24年。他在那届奥运会上荣获4枚金牌，被誉为世界上最伟大的运动员之一。多年后杰西·欧文斯在回忆录中真诚地说，他所创的世界纪录终究会被打破，但鲁兹·朗高高举起他的手的那一幕却会永远被历史牢记。

在杰西·欧文斯被载入史册的同时，鲁兹·朗也被载入了史册。所不同的是，杰西·欧文斯的荣誉来自于运动场内，是对他展示人类征服自然的能力的褒奖；而鲁兹·朗的荣誉则来自于运动场外，是对他展示人类心灵之美的褒奖。

【优秀男孩应该懂的道理】

智者总是豁达大度地宽容、接纳对手，让对手成为自己的朋友。鲁兹·朗的表现充分展现了竞技体育的精神——为对手喝彩，然后暗暗努力，争取下次获胜。这是豁达，是一种达观的人生态度，也是一种优良的心理素质。当一个人为别人而喝彩的时候，就会得到别人的感激之心，别人就会自然而然地为你喝彩，你们就会互相鼓励，尽管最后只有一个成功者，但至少都学会了一种美德——为他人喝彩。

生活中，很多男孩只知为自己的进步与成功窃喜和欢呼，对别人则常常冷漠得面无表情，无动于衷，很少真心实意地为别人喝彩。其实，为别人喝彩，未必说明你就是弱者。因为为别人喝彩是一种智慧，因为你在欣赏别人的时候，也在不断地提升和完善自我。为别人喝彩是一种美德，你付出了赞美，这非但不会损伤你的自尊，相反你还将收获友谊与合作；为别人喝彩是一种人格修养，赞赏别人的过程，其实也是矫正自己狭隘和自私心理，从而培养大家风范的过程。

单赢，还是双赢？

越是竞争激烈，越是需要调整心态，并且调整与他人的关系。

——于丹

本茨和戴姆勒几乎是同时发明了人类历史上的第一辆汽车，又在相差不久的时间内建立起各自的公司。所以从一开始，命运就将他们安排到了一起，他们从此就处于一种竞争状态中。1896年，戴姆勒设计出了第一辆马达载重车，而本茨抢在戴姆勒之前制造出了第一辆公共汽车。不甘示弱的戴姆勒在1900年成功地研制出一种高速新式轿车。奥匈帝国总领事埃米尔·耶利内克一口气订购了36辆这种新式轿车。

耶利内克在订购这批车时提了一个要求，那就是用他女儿的名字"梅塞德斯"作为汽车的新商标。于是从1920年起，"梅塞德斯"轿车开始风靡全世界，它给本茨汽车带来了巨大的压力。

就在本茨与戴姆勒两大汽车制造厂两虎相争之时，已经崛起的美国福特汽车厂已把目光瞄准了欧洲市场。采用流水线作业的福特汽车价廉物关，不断涌进德国市场。当一辆辆福特T型车奔走在德国的大马路时，本茨与戴姆勒几乎同时惊呼：狼来了！

在商战如此激烈的情况下，本茨和戴姆勒两大汽车公司都处于危机之中。1926年5月的一天，本茨专程前往戴姆勒公司拜访戴姆勒，他此行的目的是要促成两家公司的合并。此时，已经92岁的戴姆勒热情地接待了比他小10岁的本茨，双方开诚布公地就合并事宜进行了商谈。为了避免在竞争中自相残杀而导致两败俱伤，也为了共同对付国外汽车业的竞争和挑战，双方很快就达成了一致意见。

一个月后，本茨与戴姆勒将两家企业合并，联手成立了"戴姆勒－奔驰股份公司"。两位汽车业元老在新的公司分别担任董事长和总经理。合并后，两位经营怪才配合得异常默契，使得公司迅速成长和壮大起来了。

在此后的半个多世纪中，由于经济危机等多种原因，很多汽车厂都倒闭了，唯有奔驰公司屹然不动，稳中有升。本茨与戴姆勒的后继者都为两大公司的合并而感到非常庆幸，是合并给了公司新的生机和不断发展和壮大的希望。奔驰公司的强大，在于化敌为友，与竞争对手合并，共同发展。

【优秀男孩应该懂的道理】

俗话说，同行是冤家，在竞争中，同行作为竞争对手，确实使彼此之间相互对立。其实，换个角度，把同行拉到自己的"利益圈"里，或者建立一个双方共同的利益圈，就能打破这种限制了。事实证明，同行之间合作带来的收益往往比竞争带来的收益要大得多。所以，在现代竞争中，联合竞争对手共同发展已经成为一种策略。把对手变成自己人，双方为了共同的利益携起手来，齐头并进，会达到双赢的目的。

在竞争激烈的当今社会，我们应该学会"双赢"的竞争策略，因为任何"单赢"的策略对我们都是不利的。"单赢"策略将引起对方的愤恨，成为我们潜在的危机。无论从什么角度来看，那种"你死我活"的竞争在实质利益、长远利益上来看都是不利的，所以我们应该活用"双赢"策略，彼此相依相存。

一场公平的乒乓球比赛

高尚的竞争是一切卓越才能的源泉。

——休谟

打过乒乓球或看过乒乓球比赛的人都知道，乒乓球的擦边球有时是裁判不易察觉的，容易造成误判。2005年5月4日，在第48届世界乒乓球锦标赛男单八分之一决赛中，中国选手刘国正和德国名将波尔的交锋中出现这样一幕：第七局12比13，刘国正在回球击打时球落到了地板上，全场爆满的上海体育馆的空气好像立刻凝固了。"出界了吗？"如果是的话，那么刘国正就将以12比14输掉决胜局，从而输掉整场比赛。而就在此时，一个人伸手示意裁判"球擦边了"，这个人正是"既得利益者"——波尔！13平，裁判随即举起了右手。只有一个脚尖儿还踩在悬崖边上的刘国正整个脚掌又重新站在了悬崖边上。随着中国球迷的喝彩声，15比13，刘国正反败为胜。当刘国正接受球迷们的欢呼时，距离胜利只有一步之遥的波尔在新闻发布厅里静静地接受着记者的采访。当有人问他知不知道如果那个球没有被判为擦边，那胜利就属于他的时候，波尔回答说："这很正常，当时我也没想什么，因为我看到那个球是擦边了，比赛就是这样的，公平竞争嘛，我必须这么做，公正让我别无选择！"

【优秀男孩应该懂的道理】┈┈┈┈┈┈┈┈┈┈┈┈┈┈┈┈┈┈┈┈┈┈┈┈┈┈┈┈

比赛和竞争是以公平为原则的，即便面对失败，波尔也要坚持公平性，这种风度是一种坚不可摧的精神力量。可以说，这是一场失利却没有失败的比赛，波尔的风度赢得了人们的尊敬，这是值得男孩学习的。

无论什么比赛，都要以公平、公正为原则。所以，我们在提高自身的竞争意识的同时，还要提高竞争的道德水平。有的男孩以为竞争就是不择手段地战胜对方，以欣赏对方的失败，"置人于死地而后快"。例如，为评上三好学生、优秀干部或加入团组织而请客拉票；为取得老师的信任，打击诽谤他人等，这都是令人不齿的行为。优秀的男孩应该认识到，竞争应该有利于社会、有利于集体和他人，同学之间的竞争应有利于共同提高。优秀男孩应做到竞争不忘是非界线，用竞争促进大家追求更高的目标，即使是面对对手，竞争时也应当有道德、有风度。

心态训练营：培养正确竞争心态的技巧和方法

1.树立竞争意识

竞争是时代进步的产物，同时它又是推动时代进步的动力。只有通过竞争，我们才能找到并抓住发展我们、实现我们抱负的机遇，也只有通过竞争，我们才能更加客观地认识和评估自己。因此，我们要敢于接受挑战，积极地参与竞争。

2.竞争最终的目的是要超越自我

竞争取得胜利的关键在于实力，而要增强实力，关键是超越自己。当然，要提高自己就得向别人学习，要进行横向比较，以发现自身的优势和不足，但是无论怎样横向比较，最终还是要改变自我，才能有成效。连自我都不能超越的人是无法超越别人的，超越自我是超越别人的前提，超越别人只不过是超越自我的一种自然结果。

3.正确面对胜利和失败

只要竞争存在，就必然会有胜利和失败。面对竞争的结果时，我们要保持一个平和的心态，取得胜利时，不要骄傲自满，应继续保持强烈的进取心，向更大的成功迈进；遭遇失败时，也不要灰心丧气，应苦练本领，争取下一次取得胜利。

4.健康的竞争心态

在竞争的过程中，我们要明白，竞争不应是狭隘的、自私的，竞争应具有广阔的胸怀；竞争不应是阴险和狡诈、暗中算计人，而应是齐头并进，以实力超越；竞争不排除协作，没有良好的协作精神和集体信念，单枪匹马的强者是孤独的，也是不易成功的。

中篇
成为优秀男孩的 8 种习惯

美国心理学家威廉·詹姆士说:"播下一个行动,收获一种习惯;播下一种习惯,收获一种性格;播下一种性格,收获一种命运。"习惯可以决定一个人的命运。一个人如果养成了好的习惯,就会一辈子享受不尽它的利息;要是养成了坏习惯,就会一辈子都偿还不完它的债务。

好的行为习惯对男孩一生的发展具有至关重要的作用。当一个男孩养成了好习惯,其行为就会具有自觉性,并内化成一种根深蒂固的高尚品格,这种品格会贯穿于人的一生。男孩有了这种品格,无论是学习、做人、做事,还是社会交际,都会取得令人满意的成就。

承担责任的习惯——
让责任成为习惯，男子汉就该扛起一片天

为非洲的孩子挖一口井

> 人生于天地之间，各有责任。知责任者，大丈夫之始也；行责任者，
> 大丈夫之终也；自放弃其责任，则是自放弃其所以为人之具也。
>
> ——梁启超

有一个小男孩儿叫瑞恩·希里杰克。有一天，他在电视上看到非洲有成千上万的儿童没有水喝，他们渴急了就去喝残留在水洼里的脏水，甚至牲畜的尿！这则报道激起了瑞恩的责任心，他瞪大了眼睛，他根本不相信这世上居然会有人没有干净的水喝，而且会因此死去。他难过极了。忽然，电视中传出来这样一句话——"70块钱可以挖一口井"，这话让瑞恩激动不已。他想，我一定要为他们挖一口井，明天就要带70块钱去。

电视节目结束后，他迫不及待地向妈妈伸出手："妈妈，给我70块钱。"面对瑞恩的请求，妈妈根本没当回事。瑞恩只好沮丧地走开了，可是一整天，电视中那些非洲孩子因没水喝而死去的画面充斥着他的脑海。晚饭时，瑞恩又向

爸爸、妈妈提起了这件事。"不，"妈妈说，"70块钱是不能解决那里的问题的。况且你还是个孩子，你没有这个能力。"瑞恩把求助的目光投向了爸爸。"这是个可笑的想法，瑞恩……"爸爸还想说下去，瑞恩哭着叫起来："你们根本不明白，那里的人没有干净的水喝，孩子们正在死去，他们需要这笔钱。"

从此，瑞恩每天都要向父母请求，好像不给他这70块钱，他就没办法生活下去一样。瑞恩的爸爸、妈妈不得不认真地讨论这件事，然后他们告诉瑞恩："如果你真想要，你可以自己赚，比如为家里打扫房间、清理垃圾，我们会给你报酬。"这一天，瑞恩干了两个多小时，经过妈妈的"验收"后，他的储蓄罐里多了两块钱。此后，瑞恩经常利用业余时间做家务。

渐渐地，家族里的人都知道了瑞恩的这个梦想。瑞恩的爷爷责问儿子说："为什么不直接给他70块钱？"瑞恩的爸爸说："孩子的想法太可笑，根本就不可能实现！这样做主要是锻炼他的劳动能力。他很快就会厌烦的。"瑞恩的妈妈也附和道："这肯定是一个梦，一个6岁孩子的梦，谁会认真对待这种胡思乱想呢？"

可半年过去了，瑞恩非但没有放弃，反而干得更加卖力了。每当爸爸、妈妈劝他停止时，瑞恩就说："让我再干一会儿吧，我一定要赚取足够的钱，为非洲的孩子挖一口井。"瑞恩每天睡觉前都这样祈祷：让非洲的每一个人都喝上干净的水吧。

附近居住的人知道了瑞恩的梦想，都被瑞恩的执着感动了，纷纷加入"为非洲孩子挖一口井"的活动中。不久，瑞恩的故事出现在肯普特维尔的《前进报》上，题目就叫"瑞恩的井"。随后《渥太华公民报》也刊登了同样的报道。瑞恩的故事迅速传遍加拿大，不断有电视台要求采访。一周后，在瑞恩家的邮筒里出现了一封陌生的来信，信封上写着"瑞恩的井"，里面有一张25万元的支票，还有一张便条："但愿我可以做得更多。"在不到一个月的时间里，有上千万元的汇款来支持瑞恩的梦想。五年过去了，这个梦想竟成为上万人参加的一项事业。瑞恩这个普通的男孩儿被媒体称为"加拿大的灵魂"。加拿大总督克拉克森颁发给瑞恩国家荣誉勋章。作为唯一的加拿大人，他还被评选为"北美洲十大少年英雄"之一。如今，在缺水最严重的非洲乌干达地区，也有56%的人能够喝上纯净的井水了。

有记者问瑞恩："是什么让你坚持做这件事情的？"瑞恩说："我梦想着有一天非洲的人都能喝上干净的水。虽说当时这件事对我有难度，但是我觉得我有责任要为他们挖一口井。"

【优秀男孩应该懂的道理】

责任是上天赋予每个人的，我们从有认知开始就有很多责任。我们不仅对自己负有责任，还要对别人负责。故事中的小瑞恩正是拥有一份责任感，才让他完成了一件看似不可能完成的任务。

人生的意义就在于承担一定的责任。清醒地意识到自己的责任，并勇敢地扛起它，无论对于自己还是对于社会都将是问心无愧的。穆尼尔·纳素曾说过："责任心就是关心别人，关心整个社会。有了责任心，生活就有了真正的含义和灵魂。这就是考验，是对文明的至诚。它表现在对整体，对个人的关怀。这就是爱，就是主动。"人可以不伟大，人也可以清贫，但不可以没有责任。任何时候，我们都不能放弃肩上的责任，扛着它，就是扛着自己生命的信念。所以，男孩们也应该挺起胸膛，扛起一份责任。

艾尔森的问卷调查

凡属我受过他好处的人，我对于他便有了责任。凡属我应该做的事，而且力量能够做到的，我对于这件事便有了责任。凡属于我自己打主意要做的一件事，便是现在的自己和将来的自己立了一种契约，便是自己对于自己加一层责任。

——梁启超

几年前，美国著名心理学博士艾尔森对世界100名各个领域中杰出人士做了问卷调查，结果让他十分惊讶——其中61名杰出人士承认，他们所从事的职业，并不是他们内心最喜欢做的，至少不是他们心目中最理想的。

这些杰出人士竟然在自己并非喜欢的领域里取得了那样辉煌的业绩，除了聪颖和勤奋之外，他们究竟靠的是什么呢？

带着这样的疑问，艾尔森博士又走访了多位商界英才。其中纽约证券公司贝尔的经历，为他寻找满意的答案提供了有益的启示。

贝尔出生于一个音乐世家，她从小就受到了很好的音乐启蒙教育，非常喜欢音乐，期望自己的一生能够驰骋在音乐的广阔天地，但她阴差阳错地考进了大学的管理系。一向认真的她，尽管不喜欢这一专业，可还是学得格外刻苦，每学期各科成绩均是优异。她毕业时被保送到美国麻省理工学院，攻读当时许多学生可望而不可即的MBA，后来，她又以优异的成绩拿到了经济管理专业的博士学位。

如今她已是美国证券业界风云人物，在被调查时依然心存遗憾地说："老实说，至今为止，我仍不喜欢自己所从事的工作。假如能够让我重新选择，我会毫不犹豫地选择音乐。但我知道那只能是一个美好的'假如'了，我只能把手头的工作做好……"

艾尔森博士直截了当地问她："既然你不喜欢你的专业，为何你学得那么棒？既然不喜欢眼下的工作，为何你又做得那么优秀？"

贝尔的眼里闪着自信，十分明确地回答："因为我在那个位置上，那里有我应尽的职责，我必须认真对待……不管喜欢不喜欢，那都是我自己必须面对的，都没有理由草草应付，都必须尽心尽力，尽职尽责，那不仅是对工作负责，也是对自己负责。有责任感可以创造奇迹。"

艾尔森在以后的继续的走访中发现，许多成功人士之所以出类拔萃，与贝尔的答案大致相同——因为种种原因，他们常常被安排到自己并不十分喜欢的领域，从事了并不十分理想的工作，一时又无法更改。这时，任何的抱怨、消极、懈怠，都是不足取的。唯有把那份工作当作一种不可推卸的责任担在肩头，全身心地投入其中，才是正确与明智的选择。正是在这种"在其位，谋其政，尽其责，成其事"的高度责任感的驱使下，他们才赢得了令人瞩目的成就。

【优秀男孩应该懂的道理】

没有做不好的事情，只有不负责任的人。想证明自己的最好方式就是去承担责任。不管做什么事情，不管你喜不喜欢，既然选择做了，就要时刻记住自己有责任将其做到最好。

责任是一种能力，又远胜于能力。未来的社会并不缺乏能力出众的人，缺乏的却是那种既有能力又有责任感的人。不管你此时此刻受到多少宠爱与关心，你终将独自步入社会、参与竞争，你会遭遇到远比学习生活要复杂得多的事情，随时都可能出现你无法预料的难题与处境。你必须在日常生活中培养自己的责任感，切实对自己负起责任，才能应对各种可以预见或者不可预见的突发状况。记住，责任感是我们走向社会的关键品质，是我们在社会上立足的根本。

没有任何借口

> 成功与借口永远不会在一起：选择成功就要没有借口，选择借口就不会有成功。
>
> ——陈安之

休斯·查姆斯在担任"国家收银机公司"销售经理期间曾面临着一种最为尴尬的情况：该公司的财政发生了困难。这件事被负责推销的销售人员知道了，并因此失去了工作的热忱，销售量开始下跌。到后来，情况更为严重，销售部门不得不召集全体销售员开一次大会，全美各地的销售员皆被召去参加这次会议。查姆斯先生主持了这次会议。

首先，查姆斯请销售部业绩最佳的几位销售员站起来，要他们说明销售量为何会下跌。这些被点到名字的销售员一一站起来以后，大家有共同的理由：商业不景气，资金缺少，人们都希望等到总统大选揭晓后再买东西等。

每个销售员似乎都有合理的借口，当第五个销售员开始为他无法完成销售配额找借口时，查姆斯先生突然跳到一张桌子上，高举双手，要求大家肃静。然后，他说道："停止，我命令大会暂停10分钟，让我把我的皮鞋擦亮。"然后，他命令坐在附近的一名黑人小工友把他的擦鞋工具箱拿来，并要求这名工友把他的皮鞋擦亮，而他就站在桌子上不动。在场的销售员都惊呆了。他们有些人以为查姆斯先生发疯了，人们开始窃窃私语。就在这时，那位黑人小工友先擦亮他的第一只鞋子，然后又擦另一只鞋子，他不慌不忙地擦着，表现出一流的擦鞋技巧。

皮鞋擦亮之后，查姆斯先生给了小工友一毛钱，然后发表他的演说。他说："我希望你们每个人，好好看看这个小工友。他拥有在我们整个工厂及办公室内擦鞋的特权。他的前任是位白人小男孩，年纪比他小得多。尽管公司每周补贴他5元的薪水，而且工厂里有数千名员工，但他仍然无法从这个公司赚取足以维持他生活的费用。"

"可是现在这位黑人小男孩不仅可以赚到相当不错的收入，既不需要公司补贴薪水，每周还可以存下一点钱来，而他和他的前任的工作环境完全相同，也在同一家工厂内，工作的对象也完全相同。"

"现在我问你们一个问题，那个白人小男孩没有得到更多的生意，是谁的错？是他的错，还是顾客的错？"

那些推销员不约而同地大声说："当然了，是那个小男孩的错。"

"正是如此。"查姆斯回答说，"现在我要告诉你们，你们现在推销收银机和一年前的情况完全相同：同样的地区、同样的对象以及同样的商业条件。但是，你们的销售成绩却比不上一年前。这是谁的错？是你们的错，还是顾客的错？"

同样又传来如雷般的回答："当然，是我们的错。"

"我很高兴，你们能坦率承认自己的错。"查姆斯继续说，"我现在要告诉你们。你们的错误在于，你们听到了有关本公司财务发生困难的谣言，这影响了你们的工作热忱，因此，你们不像以前那般努力了。只要你们回到自己的销售地区，并保证在以后30天内，每人卖出5台收银机，那么，本公司就不会再发生什么财务危机了。你们愿意这样做吗？"

销售人员都说"愿意"，后来果然办到了。那些他们曾强调的种种借口：商业不景气，资金缺少，人们都希望等到总统大选揭晓以后再买东西等，仿佛根本不存在似的，统统消失了。

【优秀男孩应该懂的道理】

任何借口都是推卸责任，在责任和借口之间，选择责任还是选择借口，体现了一个人的做事态度。在生活中，有许多人习惯于去寻找各种各样的借口，为自己没有按时完成任务来开脱。实际上，寻找借口是丢掉责任的典型做法，就是将应该承担的责任转嫁给社会或他人。而一旦我们有了寻找借口的习惯，我们的责任心也将随着借口烟消云散。因此，我们千万不要习惯于为自己的过失找种种借口，以为转移就可以逃脱惩罚，从而忘却自己应承担的责任。

成功属于那些善于找方法的人，而不是善于找借口的人。与其费心思为自己的失败找各种借口，不如花时间为自己找一个解决问题的好方法。如果你想成为一个优秀的男孩、一个成功的男孩，就要义无反顾地去做，不要为自己的失误或者失败找任何借口，只有这样要求自己，你才会更加奋发，为了弥补失误或者走向成功付出百分百的努力。

敢于承担责任

尽管责任有时使人厌烦，但不履行责任、逃避责任……只能是懦夫，不折不扣的废物。

——刘易斯

一家外贸公司招聘职员，经过几番考试后，最后留下三个人。面试地点在总经理办公室。总经理并没有问他们关于业务方面的问题，只是带领他们参观他的办公室。最后，总经理指着一张茶几上的花盆对他们说，这是他最好的朋友送的，代表着他们的友谊。就在这时，秘书走进来告诉总经理，说外面有点事情请他去一下。总经理笑着对三人说："麻烦你们帮我把这张茶几挪到那边的角落去，我出去一下马上回来。"说完，就随着秘书走了出去。

既然总经理有吩咐，这也是表现自己的一个机会，三人便连忙行动起来，茶几很沉，须三人合力才能移得动。当三人把茶几小心翼翼地抬到总经理指定的位置放下时，那个茶几不知怎么折断了一只脚，茶几一倾斜，上面放着的花盆便滑落了下来，在地上裂成了几块。三人看着这突如其来的事情都惊呆了。就在他们目瞪口呆的时候，总经理回来了。看到发生的一切，总经理显得非常愤怒，咆哮着对他们吼道："你们知道你们干了什么事，这花盆你们赔得起吗？"

第一个应聘者似乎不为总经理的强硬态度所压倒，说："这不关我们的事，我们不是你们公司的员工，是你自己叫我们搬茶几的。"他用不屑一顾的眼神看着总经理。第二个应聘者却讨好地说："我看这事应该找那茶几的生产商去，生产出质量这么差的茶几，这花盆坏了应该叫他赔！"

总经理把目光移到了第三个应聘者的身上。第三个应聘者并没有像前两位那样，而是对总经理说："这的确是我们搬茶几时不小心弄坏的。如果我们移动茶几时小心一点，那花盆应该是没事的。"还没等他把话说完，总经理的脸已由阴转晴，脸上露出一丝笑容，握住他的手说："一个能为自己过失负责的人，肯定是一个值得信任的人，你一定能得到大家的尊敬，我们需要你这样的员工。"

【优秀男孩应该懂的道理】

敢于对自己的行为和结果承担责任，意味着你有责任感。一位哲人曾说，犯错是人的惯常行为之一，错误本身并没有可怕之处，最让人担忧的是，当错误已成事实的时候，我们却选择了逃避，而没能从中学到生活的经验。的确，出错并不可怕，但是我们要为自己的过错承担责任。勇于承认自己的错误可以提高一个人的信誉，并且有助于自我完善。

中国有句古话："好汉做事好汉当。"做了损害别人利益的事，向人家道歉、赔偿损失，这不仅是为了取得别人的原谅，更重要的是使我们懂得为自己的言行切实负起责任。犯了错误要勇于认错，承担犯错带来的一切后果，而不是推卸责任，责怪别人。责任的重担，不会压垮任何一个敢于担当的男子汉。它反而会给我们有力的臂膀，去支撑起明天的太阳，照耀着我们追梦的旅程，使我们更加自信、更加勇敢。

习惯训练营：培养责任感的方法和技巧

1.对学习负责

对于正处于求学阶段的男孩来说，最主要的任务是认真学习各科文化知识。上课专心听讲，独立完成作业，刻苦钻研，战胜困难，进步幅度大，学业成绩优秀，这就是对学习负责。

2.对学校集体负责

学校是我们学习生活的地方，营造一种文明和谐的校园环境，是每一个男孩应尽的责任。例如，伸手把哗哗流水的水龙头关上、白天随手关掉走廊亮着的电灯、主动修好损坏的公共设施等，这样不仅是对学校负责，更能凸显我们的良好素质。形成这样的好习惯之后，将来走向社会，我们也能更好地被社会认同和尊重。

3.对自己负责

勇于负责是衡量一个人能力及成熟度的最佳方法之一。一个人只有对自己负责，才能对别人负责。一个对自己都不负责的人，将来肯定一事无成。任何人都应对自己的选择负责，对自己的所作所为负责。无论生活好坏，都是自己造成的，一个人只有对自己完全负责，才会拒绝找借口，拒绝推卸责任给别人，才能勇敢地面对生活，积极进取。

4.对社会负责

社会学认为：人的本质在于人具有社会性，个人不能离群体而孤立存在。责任，小到对自己负责，对自己所做的每一件事负责；大到对国家社会负责，对人类生存环境负责。所以，我们要从小开始实践"社会责任"，树立坚定的社会责任感，自觉地担负起"扫一屋"的责任，进而达到"扫天下"的目的。

珍惜时间的习惯——
放弃时间的人，时间也放弃他

死神的来临

你热爱生命吗？那么你就别浪费时间，因为时间是组成生命的材料。

——富兰克林

深夜，一个危重病人迎来了他生命中的最后一分钟，死神如期来到了他的身边。在此之前，死神的形象在他脑海中几次闪过。他对死神说："再给我一分钟好吗？"死神回答："你要一分钟干什么？"他说："我想利用这一分钟看一看天，看一看地。我想利用这一分钟想一想我的朋友和我的亲人。如果运气好的话，我还可以看到一朵绽开的花。"

死神说："你的想法不错，但我不能答应。这一切都留了足够的时间让你去欣赏，你却没有像现在这样去珍惜，你看一下这份账单：在60年的生命中，你有三分之一的时间在睡觉；剩下的30多年里你经常拖延时间；曾经感叹时间太慢的次数达到了10000次，平均每天一次。上学时，你拖延完成家庭作业；成人后，你抽烟、喝酒、看电视，虚掷光阴。

我把你的时间明细账罗列如下：做事拖延的时间从青年到老年共耗去了36500个小时，折合1520天。做事有头无尾、马马虎虎，使得事情不断地要重做，浪费了大约300多天。因为无所事事，你经常发呆；你经常埋怨、责怪别人，找借口、找理由、推卸责任；你利用工作时间和同事侃大山，把工作丢到了一旁毫无顾忌；工作时间呼呼大睡，你还和无聊的人煲电话粥；你参加了无数次无所用心、懒散昏睡的会议，这使你的睡眠时间远远超出了20年；你也组织了许多类似的无聊会议，使更多的人和你一样睡眠超标；还有……"

说到这里，这个危重病人就断了气。死神叹了口气说："如果你活着的时候能节约一分钟的话，你就能听完我给你记下的账单了。唉，真可惜，世人怎么都是这样，还等不到我动手就后悔死了。"

【优秀男孩应该懂的道理】

善用时间就是善用自己的生命。莎士比亚说："放弃时间的人，时间也会放弃他。"如果你从手上放走时间，你就是放走自己的生命；你把时间掌握在手中，你就掌握着自己的生命。

时间是组成生命的因子，生命只不过是一条在时间中流动的河。一个人的生命价值，取决于这个人对时间利用的多少。生命每一段、每一分、每一秒都是值得珍惜的，我们应把每一分钟都当成最后一分钟来对待，让每一分钟都过得有价值、有意义。

一个人的生命是有限的，如何珍惜时间、有效地利用人的短暂的一生，去成就更辉煌的事业，这是优秀男孩应该认真思考对待的人生课题。让我们一起行动起来，用好每一分每一秒，把有限的生命投入无限的生活、学习、工作之中。提高做事的效率，提高生活的质量，让生命的价值在有限的时间里尽量发挥，这样就等于增加了生存的"密度"，扩充了有限生命的内涵，我们的生命也因此变得更有价值，我们的生活也会更有意义。

寒号鸟的悲哀

> 时间最不偏私，给任何人都是二十四小时；时间也最偏私，给任何人都不是二十四小时。
>
> ——赫胥黎

山脚下有一堵石崖，崖上有一道缝，寒号鸟就把这道缝当作自己的窝。石崖前面有一条河，河边有一棵大杨树，杨树上住着喜鹊。寒号鸟和喜鹊面对面住着，成了邻居。

几阵秋风，树叶落尽，冬天快要到了。

有一天，天气晴朗。喜鹊一早飞出去，东寻西找，衔回来一些枯枝，就忙着垒巢，准备过冬。寒号鸟却整天飞出去玩，累了回来睡觉。喜鹊说："寒号鸟，别睡觉了，天气这么好，赶快垒窝吧。"寒号鸟不听劝告，躺在崖缝里对喜鹊说："你不要吵，太阳这么好，正好睡觉。"

冬天说到就到了，寒风呼呼地刮着。喜鹊住在温暖的窝里。寒号鸟在崖缝里冻得直打哆嗦，悲哀地叫着："哆罗罗，哆罗罗，寒风冻死我，明天就垒窝。"

第二天清早，风停了，太阳暖烘烘的。喜鹊又对寒号鸟说："趁着天气好，赶快垒窝吧。"寒号鸟不听劝告，伸伸懒腰，又睡觉了。

寒冬腊月，大雪纷飞，漫山遍野一片白色。北风像狮子一样狂吼，河里的水结了冰，崖缝里冷得像冰窖。就在这严寒的夜里，喜鹊在温暖的窝里熟睡，寒号鸟却发出最后的哀号："哆罗罗，哆罗罗，寒风冻死我，明天就垒窝。"

天亮了，阳光普照大地。喜鹊在枝头呼唤邻居寒号鸟。可怜的寒号鸟在半夜里冻死了。

寒号鸟是可悲的，但这种悲剧是由谁造成的，难道是因为天寒吗？显然不是，因为天迟早是要寒的，但寒号鸟却没有做好御寒的准备，总是拖延垒窝的时间，最终被冻死。

【优秀男孩应该懂的道理】 ....

拖延害死了寒号鸟。这个故事告诉我们，时间是不等人的，我们必须养成日事日清的好习惯。每个人做每件事，都需要花费一定的成本，而时间就是其中之一。珍惜时间，无异于节约成本，珍爱生命。因为生命是有限的，对于每一个鲜活的生命而言，属于他的时间也是有限的。如果总是想着今天之后有明天，明天之后有后天，"明日复明日"地蹉跎下去，最终的结果必将是失去今天又放走了明天，反落得一事无成，抱憾终身！

昨天是期票，明天是支票，今天才是现金，万事等明天必然养成懒惰、拖沓的恶习，最终落得虚度年华，闲白少年头。因此，男孩要想做到没有白白浪费有限的生命和时间，就应该做到日事日清。

善用零散的时间

每个人都要树立时间观念，都应珍惜时间，要学会利用有限的时间，在限定的时间内办完事，把握零碎的时间，做好时间管理的计划。

——林肯

肖丽是一位钢琴教师。有一天，她给学生上课的时候，忽然问大家每天要花多少时间练琴。

有一个叫林超的学生说："三四个小时。"

"你每次练习，时间都很长吗？"肖丽老师又问。

"我想这样才好。"林超说。

"不，不要这样。"她说，"你将来长大以后，每天不会有长时间的空闲。你可以养成习惯，一有空闲就几分钟几分钟地练习。比如在你上学以前，或在午饭以后，或在休息余暇，5分钟、10分钟地去练习。把练习的时间分散在一天里面，如此弹钢琴就成了你日常生活的一部分了。"

那时林超大约只有14岁，年幼疏忽，对于肖丽老师所说的道理未加注意，但后来回想起来真是至理名言，尔后他从中得到了不可估量的益处。

当林超在师范大学教书的时候，他想兼职从事创作，可是上课、看卷子、开会等事情把他白天晚上的时间完全占满了。差不多有两个年头他一字未动，他的借口是没有时间，这时，他才想起了肖丽老师告诉他的话。

到了下一个星期，他就把老师的话实践起来。只要有5分钟的空闲时间，他便坐下来写作100字或短短几行。

出乎他意料之外，在那个周末，他竟写出相当数量的稿子了。

后来，林超用同样的方法积少成多，创作长篇小说。他的授课工作虽然十分繁重，但是每天仍有许多可利用的短短余暇。他同时还练习钢琴。他发现每天小小的间歇时间，足够他从事创作与弹琴两项工作。

【优秀男孩应该懂的道理】

真正的成大事者善于利用时间。在我们的生活中，常常有一些零碎和闲暇的时间，它看起来很不起眼，只有十分钟、八分钟，但日久天长，积累起来将是一个十分可观的数字。如果把它们积累起来好好利用的话，我们肯定会有很大的收获。

其实，每个人都有很多的零散时间，就算把生活安排得再怎么井然有序，难免总还是会在无意中多出一些零碎时间。如车站候车或吃饭排队的三五分钟、睡前或医院候诊的半个小时等。男孩如果能将这些零碎的时间，合理地安排到自己的学习和生活中，积少成多，就会成为一个惊人的数字。譬如在排队等车的时候背诵英语单词，那么积少成多，相信你的英语词汇量会不断地增加。

时间的价值

时间对于我来说是很宝贵的，用经济学的眼光看是一种财富。

——鲁迅

在富兰克林报社前面的商店里，一位犹豫了将近一个小时的男人终于开口问店员了："这本书多少钱？"

"一美元。"店员回答。

"一美元？"这人又问，"你能不能少要点？"

"它的价格就是一美元。"没有别的回答。

顾客又看了一会儿，然后问："富兰克林先生在吗？"

"在，"店员回答，"他在印刷室忙着呢。"

"那好，我要见见他。"这个人坚持一定要见富兰克林。于是，富兰克林就被找了出来。

这人问："富兰克林先生，这本书你能出的最低价格是多少？"

"一美元二十五分。"富兰克林不假思索地回答。

"一美元二十五分？你的店员刚才还说一美元一本呢！"

"这没错，"富兰克林说，"但是，我情愿倒给你一美元也不愿意离开我的工作。"

这位顾客惊异了。他心想，算了，结束这场自己引起的谈判吧，他说："好，这样，你说这本书最少要多少钱吧。"

"一美元五十分。"

"又变成一美元五十分？你刚才不还说一美元二十五分吗？"

"对。"富兰克林冷冷地说，"我现在能出的最好价钱就是一美元五十分。"

这人默默地把钱放到柜台上，拿起书出去了。这位著名的物理学家和政治家给他上了终生难忘的一课：对于有志者，时间就是金钱。

【优秀男孩应该懂的道理】

时间的价值正如金钱的价值，体现在人们的价值观上。每个人对待时间的观念不同，价值也就不同。如果你珍惜时间，它就是一块金子；如果你不珍惜，它便是一块废铁。

现实生活中，许多男孩没有时间观念，有的男孩作业不能按时完成；考试不能按时交卷；上课总是迟到；一天到晚匆匆忙忙却徒劳无功。放学的路上边走边玩儿，几分钟的路程可以走上一个小时等，这都属于缺乏时间管理策略的表现。这不但不利于良好学习生活习惯的形成，而且对他们的身体和智力发展都存在较为严重的不良影响。因此，从今天起，男孩面对人生或学习时，不要浪费时间，要珍惜时间，同时也要善于利用时间，让时间有价值地增长。

习惯训练营：培养惜时习惯的方法和技巧

1.建立每日作息时间表

生活中，很多男孩把一部分学习时间都放到了休闲时间里，而休闲时间又在不断"侵占"睡眠时间。如此恶性循环，没有合理地进行时间管理。为了令学习和生活更有规律，我们可以订一个作息时间表，将每天的24小时分成几大固定的时间段，比如"学习时间（课堂听讲、回家做功课）"、"休闲时间（含休闲、娱乐和通勤时间）"和"睡眠时间（标准为8小时）"。该学习时就学习，在学习时间内要集中精力，尤其要学会不让别人浪费你的时间；该休闲时就休闲，玩就玩得放松，没有任何心理压力和负担。同时，每天都要在规定的时间内按时睡觉，养成良好的作息习惯。

2.用好习惯取代拖沓的坏习惯

许多人的拖沓已经成了习惯。如果你有这个毛病，你就要训练自己，用好习惯取代拖沓的坏习惯。每当你发现自己又有拖沓的倾向时，静下心来想一想，确定你的行动方向，然后再给自己提一个问题："我最快能在什么时候完成这件事情？"定出一个最后期限，然后努力遵守。渐渐地，你就会改变拖沓的习惯。

3.为所做的事情限定时间

人都有一种很微妙的心理，也就是平常所说的"压力产生动力"。因为，人们一旦知道时间很充足，注意力就会下降，效率也会随之降低；而如果被要求必须在规定时间内完成某事，那么他就会很自觉地为自己施压，效率就会大大提高。人的潜力是很大的，这样做通常不会影响身心健康，因此，你不妨通过这种方式挖掘自己的潜力。

4.善于利用零碎时间学习

一分钟可以做很多事情，如阅读400字的短文、背诵2个单词等，因此，在走路、等车、坐车等空闲时间做有价值的事情，可以更好地利用时间。

5.要有明确的目标和良好的习惯

如果你没有明确的目标，那你的时间是无法管理的。你要有好的习惯，如不乱放东西、要勤奋、办事不拖拉等，这是高效利用时间必备的行为。

6.第一次就把事情做对

任何事情，我们应该争取一开始就要把它做对、做好，能一次做完的事情一定要一次做完，绝不拖拉。重复和反复做同一件事情是很浪费时间的，也就是说两个小时的事情，一次用两个小时做完和分两次各做一个小时是不一样的，我们要有时间成本的概念。

勤奋努力的习惯——
用今天的辛勤与汗水，换明天的丰收与喜悦

勤字当头万事易

没有加倍的勤奋，就既没有才能，也没有天才。

——门捷列夫

李星学是我国知名的古植物学家和地层学家，中国科学院院士。他曾在《自述》中写道："我这个人其实并不聪明，学识也不在一般人之上，之所以大半生还能做些工作，多少是由于始终铭记着前辈教诲的这样一句话：勤奋的人虽然不一定都会成功，但成功的人没有一个不是勤奋的。我深深感到：勤奋是做学问和立身之本。"

李星学小时智力并不超常，上学又比一般人晚，初中时他的同班同学都要比他小二三岁，学习成绩却多在他之上。李星学初中时语文基础比较差，上高中时，他便下决心把语文成绩追上去。为了做到这一点，他除了课堂的正规学习和

完成老师布置的作业以外，还利用寒暑假大量阅读中外小说、古文，特别注意文章中的章法结构和对问题的分析与论证，他还持之以恒地写日记。由于他的勤奋努力，仅仅两年时间，他的语文表达能力有了很大提高，语文成绩也后来居上，名列前茅。

李星学高中毕业之际，正值七七事变。基于爱国热情，他参加了当时湖南省主席张治中领导的、以促进全民抗战为宗旨的"湖南省民众训练班"，在家乡农村干了半年宣传抗日、保家卫国的民训工作，学业有所荒疏，以致在1938年参加的全国大学联合招生的统考中名落孙山。他的一位中学老师却开导他说，胜败乃兵家常事，只要勤奋努力，总有成功之日。于是，李星学决定留在他长沙叔叔家里继续温习功课。为勉励自己，他把自己的卧室命名为"三三斋"，把条幅贴在门后。他所坚守的"三三"，第一个三是"三抓"：即数理化抓基础；语文、英语抓训练；其他抓要点。第二个三是"三不"：不逛街、不会友、不贪睡。他就这样闭门苦读数月，后来在同济、金陵等大学招生中被录取。

李星学在《自述》中深有感慨地说："如果当年学外语稍有犹豫，或缺乏持之以恒的勤奋精神，我就不可能取得这点小小的成绩。"

【优秀男孩应该懂的道理】

勤奋是一所高贵的学校，所有想有所成就的人都必须进入其中，在那里可以学到有用的知识、独立的精神和坚忍不拔的品质。事实上，勤奋本身就是财富，假如你是一个勤劳、肯干而又刻苦的人，就能像蜜蜂一样，采的花越多，酿的蜜也就越多，你享受到的甜美也越多。

对男孩来说，勤奋是一种优秀的学习态度，也是一种认真的生活态度。拥有勤奋好学的习惯对于男孩将来的成长和学习有非常大的帮助。

王羲之练字

天才是百分之一的灵感加上百分之九十九的汗水。

——爱迪生

王羲之是东晋时期著名的书法家。他之所以能成为大书法家，还有一个美丽的传说。

传说，王羲之年幼时在家练了整整三年字，可还是没有找到书法的精髓。

王羲之纳闷了：为什么练了那么久就是技艺不到家呢？莫非我也要出去寻游、拜仙求师才能把字写好吗？这样想着，他收拾了包裹，果真踏上了行程。

王羲之出了临沂城，来到了沂蒙山，看到一位老猎人身挎强弓，腰悬利箭，正在打猎，便走上前，向老猎人说明了来意。老猎人说："你看天上飞来三只大雁，待我射下来再告诉你吧。"王羲之举目望去，只见白茫茫的天空中果然有三个黑点。他心里嘀咕道：能看清它们就不容易了，如何打得下来啊！

除非老人是能射下九个太阳的后羿再世！正在这时，只听"嗖嗖嗖"三箭连发，立刻从半空中掉下三只大雁。王羲之急忙跑上前去看：天啊，支支利箭都射中大雁头，这人肯定是仙家的门徒！于是他赶紧起身向老猎人拜揖。老猎人见王羲之将自己当成了神仙，笑着说道："我自幼在深山打猎，从来没有见过神仙，手中弓箭也一般，本事全靠苦中练。"

可是王羲之听了直摇头，不相信老人说的，于是老猎人捋捋胡子，指着对面那座高山说道："你看，对面山腰上是不是有个透亮的洞？那是我当年为了学好打猎，每天对着这座高山练箭，日复一日，年复一年，这座大山就让我给射穿了，如今人们就管它叫'箭穿山'。"王羲之听了，摇了摇头，叹了口气，谢了老猎人继续往前走。

走啊走，王羲之来到了沂河边，看到一位渔翁正在打鱼。老渔翁鹤发童颜，精神矍铄。王羲之走上前，向老渔翁说明了来意，老渔翁笑了笑说："等我叉上那条大鱼再告诉你吧。"王羲之向前一看，只见河水滔滔，奔流不息，哪有鱼的影子啊。他想：不是老渔翁在吹牛吧！正想着，只见渔翁飞出手中的叉，"嗖"的一声，一条大鱼，足有七八斤重，叉在了渔叉上。王羲之惊得目瞪口呆，立刻向老渔翁鞠躬道："老伯，您有这等本领，一定是仙家的门徒，请您告诉我仙家的去处，让我也能拜仙家为师吧。"渔翁听了笑着说道："我自幼在河边打鱼，未听哪里有神仙，手中渔叉也一般，本事全靠苦中练。"

王羲之听了，低着头锁着眉想了想，还是不相信。于是老渔翁就领他来到了一个深水潭旁，说道："当年我为了练习打鱼，每天都到这里来苦练投叉，日复一日，年复一年，最后，这渔叉就在这里凿出一个大水潭，如今人们都管这个水潭叫'练叉潭'。"

王羲之听了，仔细想了想，谢过老渔翁又继续往前走。

走着走着，王羲之来到一座山上，见一个老羊倌正在放羊，便向他说明了来意。老羊倌刚要答话，忽然前面一块碾盘大的石头上爬来一条大长虫。

王羲之正要往老汉身后躲，却见老羊倌挥起鞭儿"啪"地一抽，大长虫和那块大石头竟被他全抽成两半了，王羲之惊得连声喊道："老伯神鞭这么出奇，您定是仙家门徒！请您快领我见老神仙去！"老羊倌听了哈哈大笑，说道："我自幼放羊，从来没有拜过神仙，手中羊鞭也一般，本事全靠苦中练。"

王羲之听了不吱声。老汉指着那座山的山顶说："小哥有所不知，这山头原本是尖的，当年我每天在这儿苦练甩羊鞭儿，日复一日，年复一年，最后，山头就让我抽成平的了，如今人们都叫它'鞭抽山'。"王羲之听了，犹如大梦初醒，再也不想寻神仙、求神笔了。他向老汉拜了三拜，转身就赶回了家乡。

王羲之回到家中，发愤研究书法，从头练起。每天一早就到家门前的水塘边临池练字，日落西山才涮笔洗砚，最后染得水黑如墨了，于是，人们就给那座池塘起了个名字，叫"洗砚池"。

王羲之勤奋练字，终成为一代书法大家。

【优秀男孩应该懂的道理】

一个人不管现在生活的条件怎样，只要他勤奋，有自己的目标，然后，一步一个脚印地往前走，同时不放过任何一个机遇，终有一天，他会成为一个拥有财富的人。

古今中外，财富总是偏爱勤奋的人。同样，在事业上有所成就的人，无一不是勤奋的楷模，勤奋成就了他们一生事业的辉煌。事实上，勤奋也是一种习惯，勤奋会让我们把握住更多的机会，从而让我们成就非凡的事业，获得财富。

总之，勤奋是一种不能丢弃的美德和品质，男孩要牢记勤奋这一美德，勤奋地做人，勤奋地做事，勤奋地学习和积累——唯有勤奋者才能成就不平凡的事业。

世界上跑得最快的女人

如果你富于天资，勤奋可以发挥它的作用；如果你智力平庸，勤奋可以弥补它的不足。

——乔·雷诺兹

她，是一个可怜的小女孩，从小患有小儿麻痹症，只有依靠轮椅才能行动。每当看到同龄的小朋友蹦蹦跳跳的，她都感觉到自卑而又羡慕。随着年龄的增长，她的忧郁和自卑感越来越重，甚至，她拒绝着所有人的靠近。但也有个例外，邻居家那个只有一只胳膊的老人却成为她的好伙伴。老人是在一场战争中失去一只胳膊的，老人非常乐观，她非常喜欢听老人讲的故事。

这是个天气晴朗的一天，她被老人用轮椅推着去附近的一个公园里散步，草坪上孩子们动听的歌声吸引了他们。当一首歌唱完，老人说着："让我们一起为他们鼓掌吧！"她吃惊地看着老人，问道："我的胳膊动不了，你只有一只胳膊，怎么鼓掌啊！"老人对她笑了笑，解开衬衣扣子，露出胸膛，用手掌拍起了胸膛……那天已经是深秋了，虽然天气晴朗，但风中却夹着几分寒意，尽管如此，她却突然感觉自己的身体里涌动起一股暖流。老人对她笑了笑，说着："只要努力，一只巴掌一样可以拍响。你一样能站起来的！"

当天晚上，她让母亲在一张纸上写下了这样一行字：一只巴掌也能拍响。为了激励自己，她又让母亲将这张纸贴到了墙上。从那之后，她开始配合医生做物理治疗。有时，甚至父母不在身边的时候，她自己扔开支架，试着走路。蜕变的痛苦是牵扯到筋骨的。她坚持着，她相信自己能够像其他孩子一样行走，奔跑……

就这样，经过蜕变的痛苦后，11岁时，她终于扔掉支架，可以自由地行走了。但她并没有满足，此后，她又向另一个更高的目标努力着，她开始锻炼打篮球和田径运动。现在的她，不但可以跑，而且跑得比别人快。1960年罗马奥运会女子100米跑决赛，当她以11秒18第一个撞线后，掌声雷动，人们都站起来为她喝彩，齐声欢呼着这个美国黑人的名字：威尔玛·鲁道夫。那一届奥运会上，威尔玛·鲁道夫成为当时世界上跑得最快的女人，她共摘取了3枚金牌，也是第一个黑人奥运女子百米冠军。

【优秀男孩应该懂的道理】

人生能有几回搏！威尔玛·鲁道夫的成功恰恰说明了这一点。拼搏才能成就人生，拼搏才有人生价值。一个人的生命是短暂的，但精神是无限的，要做到生命不息、奋斗不止，就要靠顽强拼搏的精神作为动力。男孩要想为自己的人生之路增添色彩，做自己想做的，就要努力拼搏！

人生一世，草木一秋。人，应该活得有意义、有价值，而不是让生命在蹉跎中度过，在无为中结束。生命的伟大在于拼搏，男孩想让自己的生命变得辉煌精彩，那么就应该学会努力，并敢于奋力追求，挥洒汗水去谱写人生伟大的乐曲。

王永庆卖米

在天才和勤奋之间，我毫不迟疑地选择勤奋，它几乎是世界上一切成
就的催生婆。

——爱因斯坦

台湾首富王永庆早年因家贫读不起书，只好去做买卖。16岁的王永庆从老家
来到嘉义开一家米店。那时，小小的嘉义已有米店近30家，竞争非常激烈。当时
仅有200元资金的王永庆，只能在一条偏僻的巷子里承租一个很小的铺面。他的
米店开办最晚，规模最小，更谈不上知名度了，没有任何优势。在新开张的那段
日子里，生意冷冷清清，门可罗雀。

刚开始，王永庆曾背着米挨家挨户去推销，一天下来，人不仅累得够呛，效
果也不太好。谁会去买一个小商贩上门推销的米呢?可怎样才能打开销路呢?王永
庆决定从每一粒米上打开突破口。那时候的台湾，农民还处在手工作业状态，由
于稻谷收割与加工的技术落后，很多小石子之类的杂物很容易掺杂在米里。人们
在做饭之前，都要淘好几次米，很不方便。但大家都已见怪不怪，习以为常。

王永庆却从这司空见惯中找到了切入点。他和两个弟弟一齐动手，一点一点
地将夹杂在米里的秕糠、砂石之类的杂物拣出来，然后再卖。一时间，小镇上的
主妇都说，王永庆卖的米质量好，省去了淘米的麻烦。这样，一传十，十传百，
米店的生意日渐红火起来。

王永庆并没有就此满足。他还要在米上下大功夫。那时候，顾客都是上门买
米，自己运送回家。这对年轻人来说不算什么，但对一些上了年纪的人来说，就
是一个大大的麻烦了，而买米的顾客以老年人居多。王永庆注意到这一细节，于
是主动送米上门。这一方便顾客的服务措施同样大受欢迎。当时还没有"送货上

门"一说，增加这一服务项目等于是一项创举。

王永庆送米，并非送到顾客家门口了事，还要将米倒进米缸里。如果米缸里还有陈米，他就将陈米倒出来，把米缸擦干净，再把新米倒进去，然后将陈米放回上层，这样，陈米就不至于因存放过久而变质。王永庆这一精细的服务令顾客深受感动，并很快赢得了口碑。

如果给新顾客送米，王永庆就细心记下这户人家米缸的容量，并且问明家里有多少人吃饭，几个大人、几个小孩，每人饭量如何，据此估计该户人家下次买米的大概时间，记在本子上。到时候，不等顾客上门，他就主动将相应数量的米送到客户家里。

王永庆精细、务实的服务，使嘉义人都知道在米市马路尽头的巷子里，有一个卖好米并送货上门的王永庆。有了知名度后，王永庆的生意更加红火起来。这样，经过一年多的资金和客户积累，王永庆便自己办了个碾米厂，在最繁华热闹的临街处租了一处比原来大好几倍的房子，临街做铺面，里间做碾米厂。

就这样，王永庆靠勤奋努力，从小小的米店生意开始了他后来问鼎台湾首富的事业。

【优秀男孩应该懂的道理】

勤奋是一个人走向成功的坚实的基础。"业精于勤，荒于嬉"，机会总是垂青于那些勤奋努力、早有准备的人。一个人要想在这个竞争激烈的时代脱颖而出，就必须付出比他人更多的汗水和努力，具有一颗积极进取、奋发向上的心，否则只能由平凡变为平庸，最后成为一个毫无价值和没有出路的人。

正所谓一分耕耘一分收获，勤奋是成就人生和事业的基础，它是所有成就伟大事业者的共同个性。世界上没有任何东西可以比得上、可以代替勤奋，教育不能替代，多财的父母、多势的亲戚以及其他的一切也都不能代替。唯有勤奋才能让人做出非凡事业来，也唯有勤奋才能成全你的人生和事业。

企业家为什么撤销捐助

> 懒惰和贫穷永远是丢脸的，所以每个人都会尽最大努力去对别人隐瞒
> 财产，对自己隐瞒懒惰。
>
> ——塞缪尔·约翰逊

有一位热心于慈善事业的企业家，总是尽自己的所能帮助那些生活在贫困线以下的人。有一次他听说某山区的一个村子很穷，穷的连最基本的温饱都解决不了。于是他便决定向那个穷山村捐一笔钱，用来帮助他们脱贫致富。

捐钱之前，企业家决定亲自到那个村子里看看。他去了一户村民家里，在那个黑洞洞的屋子里，他看到那家人正在吃饭。他们没有桌子，没有凳子，甚至连双筷子都没有。一家人就这样捧着饭碗蹲在地上，用手抓着吃。看到这一幕，企业家有了一种揪心的感觉，恨不得立刻就能改变这个村子的现状，他决定回去后要做的第一件事就是马上把钱拨过来。

可是当他走出那户村民家之后，却突然改变了主意。回去之后，他撤销了捐助的决定，对此人们百思不得其解。

后来企业家道出了原委：原来就在他走出那户人家之时，突然注意到门前有一大片竹林。"守着竹林，他们连桌凳和一双筷子都懒得做，给他们钱又有什么用呢？"企业家非常痛惜地说。

【优秀男孩应该懂的道理】

懒惰是一种不好的习惯，也是一种可怕的精神腐蚀剂，它使人整天无精打采，生活、学习、工作消极颓废，甚至使人性低落到不如其他动物的层次。看看懒惰给我们都带来什么吧：让我们的生活陷入无序；让我们造成拖延，错失很多

好机会；做事不积极、不主动、不勤奋；甚至做事容易满足，对自己要求不高；做事不求质量，不求快节奏，常抱着"应付"的态度和不负责任的态度；明明知道某件事应该做，甚至应该马上做，可却迟迟不做，或硬挺过去；明知道这件事应该今天完成却总期待着能够明日去做。

懒惰是走向成功道路的最大拦路石。对于男孩而言，懒惰是一种堕落的、具有毁灭性的东西。懒惰的人不会取得事业的成功，也不会过得幸福。如果想战胜你的慵懒，勤劳是唯一的方法。事实上，只要赶走了懒惰，你就自然而然地会从自己动手改造自己开始，你的许多实践，你的许多行动，都会在你的勤劳中获得回报。

习惯训练营：培养勤奋习惯的方法和技巧

1.确立目标

无论在生活方面，还是学习方面，我们都要确立一个目标。有了目标的压力和动力，我们的学习和生活就会有了方向，我们才会为达成目标而开动脑筋，付出努力，这样才能更好地体会、认可并最终形成勤奋努力的良好习惯。

2.早睡早起

俗语说"一天之计在于晨"，早睡早起对人是有益的。心理科研成果已证实：早睡早起的人情绪更稳定，解决问题也更为顺利，处事更谨慎，而且他们的幸福感比一般不习惯早起的人要强烈许多。早睡早起不但有利于人的身心健康，还有助于培养勤奋的习惯。美国科学家、政治家富兰克林曾说："我未曾见过一个早起、勤奋、谨慎、诚实的人抱怨命运不好。"因此，我们应当养成早睡早起的好习惯，并持之以恒。

3.付诸行动

勤奋努力并不只是一个口号，而是需要实际行动的，如果只有一个好好学习的念头，那是没有意义的。只有将你的想法付诸实际，你才是一个真正优秀的人。当然，一个勤劳的人也是会去思考的，但是他们思考的是怎么才能更好地行动，而不是瞎想，而且有好的规划之后都要把规划拿去实践，否则就是在浪费时间。

团结合作的习惯——
团结带来力量，合作成就双赢

团结的力量

只身一人，我们能做的少而又少；并肩协作，我们能做的很多很多。

——海伦·凯勒

有一个农夫，他总共有8个儿子。这些男孩子自小就总是打打闹闹，争争吵吵，让他们的父亲费了不少心。日子一天天过去，农夫越来越老了，儿子们越长越大，可这吵吵闹闹的脾气一点也没见改好，老父亲为此日夜担忧。

于是有一天，农夫去请教村里最有学问的长老，希望他能帮助想出一个好办法，让这些不懂事的儿子明白他们这样做是多么愚蠢。

长老让农夫把他的儿子都叫到一起，然后取出8根筷子，一根一根地分别递到他们手里，说："你们使劲地把筷子折断吧。"

"折断这么细的筷子还需要使劲吗？哈哈，真是可笑！"男孩们嘲笑地说。果然他们轻轻一用力就把手里的筷子折断了。

这时，长老又取出8根筷子，用绳子把它们紧紧地扎在一起，说："那么现在呢，你们谁能折断这一捆筷子？"

最大的儿子抢先拿过筷子，两手使劲用力，脸都涨红了，这捆筷子还是好好的，连弯都没有弯一下。其他的男孩也很不服气地都试了试，可是没有人能把筷子折断。

农夫感激地看着长老，对儿子们说："孩子们，你们能体会到这里面的意义吗？你们成天争吵不休，每个人都只顾自己，就像是一根细细的筷子，很容易就会被折断。而细细的筷子团结在一起都有了这么大的力量，何况是你们这8个强壮的人呢？"

这番话让男孩们终于明白了团结的力量，也认识到自己以往的行为给父亲带来了多大的烦恼。他们轻声地互相道歉着，亲亲密密地搀扶着老父亲回家去了。

【优秀男孩应该懂的道理】

团结才有力量。只有与人合作，才能众志成城，战胜一切困难，产生巨大的前进的动力。养成良好的合作习惯，关系到一个人的前程大业。

俗话说："一个巴掌拍不响，众人拾柴火焰高。"也就是说，一个人的力量总是有限的，有了大家的帮助，个人才能有更大的发展。在当今劳动分工日益精细的情况下，靠个人的能力成功的机会更少了。合作已经成了人的一种能力，是成功的基础。一个人最明智且能获得成功的捷径就是善于同别人合作。所以，男孩一定要养成团结合作的习惯。

刘邦的反间计

人类一切和平合作的基础首先是相互信任，其次才是法庭和警察一类的机构。

——爱因斯坦

范增是项羽的得力谋士，许多次，刘邦的计谋都被他识破，刘邦要打败项羽，首先想到的就是除掉范增。在陈平的协助下，刘邦导演了一次反间计。当楚汉两军在荥阳相持不下时，项羽为了打击刘邦，便借议和为名，遣使入汉，顺便探察汉军的虚实。陈平听说楚使要来，正中下怀，便和刘邦布好圈套，专等楚使上钩。

楚使进入荥阳城后，陈平将楚使导入会馆，留他午宴。两人静坐片刻，一班仆役将美酒佳肴摆好。陈平问道："范亚父（范增）可好！是否带有亚父手书？"楚使一愣，突然明白了是怎么回事，正色道："我是受楚王之命，前来议和的，并非范亚父所派遣。"

陈平听了，故意装作十分惊慌的样子，立即掩饰说："刚才说的是戏言，原来是项王使臣！"说完，起身外出，楚使正想用餐，不料一班仆役进来，将满案的美食全部抬出，换上了一桌粗食淡饭，楚使见了，不由怒气上冲，当即拍案而起，不辞而别。

一到楚营，楚使立即去见项羽，将自己的所见所闻添油加醋地告诉了项羽，并特别提醒项王，范增私通汉王，要时刻注意提防。

其实，陈平的反间计并不高明，如果稍微考虑一下，就不难找出其中的破绽，只是项羽寡断多疑，加之性格刚愎自用，自然也就不会想到这些。

项羽听后，怨道："前日我已听到关于他的传闻，今日看来，这老匹夫果然私通刘邦。"当即就想派人将范增拿来问罪，还是左右替范增劝解，项羽这才暂时忍住，但对范增已不再信任。

范增一直对项羽忠心耿耿，他心无二用，对此事一无所知，一心协助项羽打败刘邦。他见项羽为了议和，又放松了攻城，便找到项羽，劝他加紧攻城。项羽不禁怒道："你叫我迅速攻破荥阳，恐怕荥阳未下，我的头颅就要搬家了！"范增见项羽无端发怒，一时摸不着头脑，但他知道项羽生性多疑，不知又听到了什么流言，对自己产生了戒心。

范增想起自己对项羽忠心耿耿，一心助楚灭汉，他不仅不听自己的忠言，反而怀疑自己，十分伤心。他再也耐不住了，便向项羽说道："现在天下事已定，望大王好自为之。臣已年老体迈，望大王赐臣骸骨，归葬故土。"说完，转身走出。项羽也不加挽留，任他自去。

范增悲伤地离开了项羽。在归途中，他想到楚国江山，日后定归刘邦，又气又急，不久背上生起一个恶疮，因途中难寻良医，又兼旅途劳累，年岁已长，几天后背疮突然爆裂，血流不止疼死在驿舍中。

【优秀男孩应该懂的道理】

项羽之所以失去了一个得力的谋士，就是源于不信任。一个不信任别人的人总是会疑神疑鬼，也不会得到别人的信任。合作中失去了信任，取而代之的是猜疑，那么也就不会取得成功。

赢得他人信任是合作的前提，如果合作双方对彼此的个人品质产生怀疑，很难想象他们能为了共同目标而毫无猜忌地竭诚合作，他们也势必不敢全身心地投入所合作的事业上。因此，在合作中，我们要建立相互高度的信任，也就是说，团队中每一个人都坚信各自的正直、个性特点和能力，要信任自己和周围的人。只有大家都保持开放的心态——坦率地解决问题，乐于分享相关的信息，并信守自己的承诺，才会建立起团队的信任，减少内耗，让团队变得优秀、敏捷，迸发出惊人的巨大力量。

贼鸥抢食

若不团结，任何力量都是弱小的。

——拉封丹

有一头海豹在大海里受了重伤，爬上海岸后很快就昏死了。海豹伤口发出的血腥味引来了几只贼鸥。甲贼鸥说："这只海豹是我发现的，应该由我独享，你们给我滚得远远的吧！"乙贼鸥说："我第一个看到，应该我独享，你——甲贼鸥和其他的贼鸥们都应该滚得远远的！"丙贼鸥说："凭资格，我比你们都老，所以应该由我独享，你们全都给我滚蛋吧！"丁贼鸥说："我父亲是贼鸥国的国王，我是贼鸥国的王子，所以这头海豹应该由我独享，你们都没有资格享受！"……

他们谁都想独享这头海豹，就互相混战起来，打来打去，有的头破血流，有的腿和翅膀受伤折断。再看那头海豹，已经冻成了硬邦邦的大冰坨子，贼鸥们谁也啄不动它了，只能你看看我，我看看你，然后垂头丧气地带着伤残的身体飞走了。其实，一百只贼鸥一起吃那头海豹也要吃好几餐呢。

一只企鹅见了这个情景说："一个由贪婪者组成的群体，只能是个个唯利是图，大家明争暗斗，不懂得分享的道理，结果谁也讨不了好去。"

【优秀男孩应该懂的道理】

这个寓言故事告诉我们一个道理：只有学会与他人共同分享利益，才能确保你的利益。无论是经验还是成果，都要学会与人分享。只有懂得与人分享，乐于与人分享，敢于与人分享，你才能充分得到别人的尊重与认可，才能让你的事业走向成功。

生活中，男孩要学会分享，与朋友、同学分享快乐、分享学习和劳动成果，这样才会受到大家的欢迎和喜爱。分享，是一种智慧，是一种境界，是与人方便，自己方便。只有分享才能促进团结。不藏私、懂得分享的人，更容易获得成功。

优势互补

人是要有帮助的。荷花虽好，也要绿叶扶持。一个篱笆打三个桩，一个好汉要有三个帮。

——毛泽东

小猴和小鹿在河边散步，它们看到河对岸有一棵结满果实的桃树。

小猴对小鹿说："我先看到桃树的，桃子应该归我。"说着就要过河，但是小猴的个子实在太矮了，只走到河中间，就被水冲到下游的礁石上去了。小鹿说："是我先看到的，应该归我。"说着就过河去了。小鹿到了桃树下，不会爬树，怎么也够不着桃子，只得回来了。

这时身边的柳树对小鹿和小猴说："你们要改掉自私的坏毛病，团结起来才能吃到桃子。"

于是，小鹿帮助小猴过了河，来到桃树下。小猴爬上桃树，摘了许多桃子，自己一半，分给小鹿一半。

他俩吃得饱饱的，高高兴兴地回家了。

【优秀男孩应该懂的道理】

这个故事告诉我们一个深刻的道理：优势互补。小猴与小鹿，就其个体而言，尽管都有自己的特长，但如果"单枪匹马"是摘不到桃子的。然而，一旦小猴和小鹿们组成了一个相互协作的团队后，就出现了取长补短的奇迹——轻而易举地摘到了桃子。世界上各种事物都是这样的，从不同的角度看，各有所长，又各有其短，唯有互相取长补短，才会相得益彰、各显千秋。因此，一个人要想获得成功，一定要注意与其他人的配合、互补和相互取长补短，达到绝对的默契。

人们常说："没有完美的个人，只有完美的团队。"我们知道，每一人都有各自的优势，也都有着各自的劣势。正如一个人不可能是一个完人一样，个人的优势也不可能是完美的优势。因而，我们要学会合作，有效地进行互补导向，以便使优势得到强化，使劣势得到削弱甚至消除，形成优势形象。

习惯训练营：培养团结合作习惯的方法和技巧

1.建立彼此的信任

合作双方最重要的一点是信任，如果在合作的时候你不相信你的队友，那么你如何保证你们能合作成功呢？你不相信你的队友，你的队友又凭什么相信你呢？所以当你和一个人合作的时候，要无条件地相信他，然后再进行合作，才会获得成功。

2.有分享精神

在合作中分享很重要，把自己的劳动成果与大家分享，把自己好的学习方法、技巧等与大家分享。既然是一个整体，所以也就不存在什么私有的想法，你的想法也应该属于集体。只有每一个人都有分享精神，那么这个集体才有它存在的价值和意义。

3.做好自己的事情

团队合作中，最基本的事情就是把自己的事情做好。团队的任务都是有分工的，分配给自己的任务就要按时做好。只有这样，你才能不给别人带来麻烦；也只有在这个前提下，你才能去帮助其他成员，否则你就有些轻重不分了。

4.为他人着想

不要事事都从自己的角度考虑。如果有任何问题或者遇到什么问题，先从别人的角度想一想，看看怎样能让他人更加方便。这样的人在团队当中会很受欢迎，同时也更有亲和力，而亲和力对于团队合作来说是很重要的。

诚信的习惯——
诚信是做人的第一品牌

买啤酒的少年

> 一个人严守诺言，比守卫他的财产更重要。
>
> ——莫里哀

早年，尼泊尔的喜马拉雅山南麓很少有外国人涉足。后来，许多日本人到这里观光旅游，据说这是源于一位少年的诚信。

一天，几位日本摄影师请当地一位少年代买啤酒，这位少年为之跑了3个多小时。

第二天，那个少年又自告奋勇地再替他们买啤酒。这次摄影师们给了他很多钱，但直到第三天下午那个少年还没回来。于是，摄影师们议论纷纷，都认为那个少年把钱骗走了。第三天夜里，那个少年却敲开了摄影师的门。原来，他在一个地方只购得4瓶啤酒，于是，他又翻了一座山、蹚过一条河才购得另外6瓶，返回时摔坏了3瓶。他哭着拿着碎玻璃片，向摄影师交回零钱，在场的人无不动容。这个故事使许多外国人深受感动。后来，到这儿的游客就越来越多。

【优秀男孩应该懂的道理】

诚信是一种道德品质和道德规范。无诚则无德，无信则事难成。一个讲诚信的人，能够前后一致，言行一致，表里如一，人们可以根据他的言论去判断他的行为，进行正常的交往。以诚信的态度处世，养成诚信的为人与习惯，以"信"为原则，讲信义、重信义，这样的人才会为人们所接受。

打碎玻璃窗的男孩

诚实是力量的一种象征，它显示着一个人的高度自重和内心的安全感与尊严感。

——艾琳·卡瑟

故事发生在1954年的岁末。那时，杰克只有12岁。他是一个勤劳懂事的孩子，上学之余，还给附近的邻居送报纸，以此赚取他所需要的零用钱。

在他送报的客户中，有一位慈祥善良的老夫人。现在杰克已经记不起她的姓名了，但她曾经给他上的一堂有价值的人生课，他依然记忆犹新。杰克从来都没忘记过这件事，他希望有一天能把它传授给别人，让他们也从中获益。

在一个风和日丽的午后，杰克和一个小朋友躲在那位老夫人家的后院里，朝她的房顶上扔石头。他们饶有兴味地注视着石头像子弹一样飞出去，又像彗星一样从天而降，并发出很响的声音。他们觉得这样玩很开心、很有趣。

杰克又拾起一枚石头，也许因为那块石头太滑了，当他掷出去的时候，一不小心，石头偏了方向，一下子飞到老夫人后廊的一面窗户上。当他们听到玻璃破碎的声音时，就像兔子一样从后院逃走了。

那天晚上，杰克一夜都没睡着，一想到老夫人家的玻璃就很害怕，他担心会被她抓住。很多天过去了，一点动静都没有。他确信已经没事了，但内心的犯罪感却与日俱增。他每天给老夫人送报纸的时候，她仍然微笑着和他打招呼，而杰克却觉得很不自在。

杰克决定把送报纸的钱攒下来，给老夫人修理窗户。三个星期后，他已经攒下7美元，他计算过，这些钱已经足够了。他写了一张便条，把钱和便条一起放在一个信封里。他向老夫人解释了事情的来龙去脉，并且说出了自己的歉意，希望能得到她的谅解。

杰克一直等到天黑才小心翼翼地来到老夫人家，把信封投到她家门口的信箱里。他的灵魂感到一种赎罪后的解脱，重新觉得自己能够正视老夫人的眼睛了。

第二天，他又去给她送报纸，这次杰克坦然地对她说了一声："您好，夫人！"她看起来很高兴，说了"谢谢"之后，就递给杰克一样东西。她说："这是我给你的礼物。"原来是一袋饼干。

吃了很多块饼干之后，杰克突然发现袋子里有一个信封。他小心将信封打开，发现里面装了7美元纸钞和一张彩色信笺。信笺上大大地写着一行字："诚实的孩子，我为你感到骄傲。"

【优秀男孩应该懂的道理】

诚实是一种可贵的品质，一个人只有诚实可信，才能够建立起良好的信誉，才能获得别人的真诚对待。在这个复杂的社会，你越是诚实可信，人们越会认为你难得，值得交往和相处。诚实不需要华丽的辞藻来修饰，不需要甜言蜜语来遮掩，它是生命的原汁原味，它是天地之间的一种本真和自然。

孩子是否有诚实的品德，直接关系到孩子将以一种什么样的态度去对待人生，也关系到他人将对其行为做出何种评价。无论何时，诚实的男孩都是优秀的，他们真诚地对待每个人、每件事，坦坦荡荡，光明磊落，他们一定会在学业与人生的发展道路上越走越稳，越走越好。

钱会贬值，但品格永远不会

没有伟大的品格，就没有伟大的人，甚至也没有伟大的艺术家、伟大的行动者。

————罗曼·罗兰

19世纪初期的非洲某国，有一位富翁想给在城里当差的儿子送去2万先令的钱。他把此事托付给邻居家的孩子阿里。在当时，2万先令可以买到100匹马和200只绵羊。阿里小心翼翼地将钱绑在腰间，出发了。

路上，阿里遇到一队征兵的人马，他被他们带到一个荒无人烟的山头接受军训。阿里害怕叛军发现他携带巨款，半夜里将钱藏到了一个坑里。

不久，军营里发生了内讧，阿里乘机跑了出来，他找到了装有2万先令的包裹，马不停蹄地向前赶。由于后面有追兵，他慌不择路地跑进了一片密林里。

阿里迷路了，他每次都是沿着一个圆又走回了原处。仔细查找原因后，阿里发现自己的一条腿有些短。于是，他每走一百步便向右迈一步。一个星期后，他成功地走出了大森林。

战争结束了，阿里也终于找到了富翁的儿子，对方在听了阿里的遭遇后，送了一匹马给他作为酬劳。

阿里打算将马卖掉，换成200先令再回家。马商看了看马，开出了价钱："20万先令！"

一匹马居然值20万先令！阿里不敢相信自己的耳朵，他问马商："这是匹名贵的宝马吗？"

"不，它只是一匹普通的马，我给的价钱也是公平合理的。"马商说。

阿里接着问道："如果20万先令能够买一匹马，那么，2万先令能够买些什么？"

马商向他解释道："是这样的，战争虽然结束了，但钱却贬值了。现在，2万先令只够买一顶帽子了！"

阿里的故事在当地流传开来，人们对他的评价是：钱会贬值，但品格永远不会。

【优秀男孩应该懂的道理】

品德是一个人的桂冠和荣耀。这是一种最高贵的财产，这是一个人的地位和身份的象征，也是一个人活在这个世界上的全部财产。它比金钱更具威力，它使所有的荣誉都分毫无损地得到保障。

优秀的品德是个人成功最重要的资本，是人最核心的竞争力。具有优秀人品德的人，总是会时常从内心爆发出自我积极的力量，使人们了解他、接纳他、帮助他、支持他，使他的事业获得成功，使他受到人们的尊重和敬仰。可以说，好的品德是推动一个人人生不断前进的动力。

丢失诚信的人

失足，你可能马上复站立，失信，你也许永难挽回。

——富兰克林

有一个年轻人跋涉在漫长的人生路上，到了一个渡口的时候，他已经拥有了"健康"、"美貌"、"诚信"、"机敏"、"才学"、"金钱"、"荣誉"七个背囊。渡船出发时风平浪静，说不清过了多久，风起浪涌，小船上下颠簸，险象环生。艄公说："船小负载重，客官须丢弃一个背囊方可安渡难关。"看年轻人哪一个都不舍得丢，艄公又说："有弃有取，有失有得。"年轻人思索了一会儿，把"诚信"抛进了水里。

年轻人把"诚信"抛进了水里，艄公凭着娴熟的技术将年轻人送到了彼岸。艄公淡淡地说："年轻人，我跟你来个约定：当你不得意时，就回来找我。"年轻人随意地答应着，却不以为然。他以为，有了身上的六个背囊，他是不会有不得意的一天。

不久，他就靠金钱和才学拥有了自己的事业；凭着荣誉和机敏，他睥睨商界，纵横无敌；而健康和美貌更是令他春风得意，娶得如花美妻。他逐渐地忘记了摆渡的艄公，忘记了被抛弃的"诚信"。

最近，已到中年的他无数次在梦里惊醒。但这次却是被电话铃声叫醒，电话那头传来惊恐急躁的声音："老大，我们这边现在不能动手，请指示。"他似乎也开始慌张失措："无论什么原因，都必须按原计划进行！"也不知怎么挂的电话。多年来，他欺骗了所有的人，包括他的对手和亲人：他多次将商品以次充好，他承包的建筑全是豆腐渣工程；他透支着他的荣誉和才能，劝说身边所有人投资于他，却把资金用于贩卖毒品和军火走私；他出入高楼大厦，天天酒池肉林，热衷于夜生活，他的健康和美貌悄然飞逝；他一掷千金，豪赌无度。

这所有的一切都是因为他没有诚信！因为没有诚信，他失去荣誉、金钱以及他的事业、爱情等一切，这时，他想起了艄公的话。从监狱里出来，他直奔渡口。艄公已不在，只有那里一条小船依稀当日模样。那时的年轻人也已垂垂老矣。

从此，渡口多了一个老艄公，无人过渡时，人们总能看到他独自摇晃在风浪中，似乎在寻找着什么。

【优秀男孩应该懂的道理】

人一旦失去了诚信，就很难再找回。从本质上说，诚信是一种品德修养，是做人的根本准则。先哲孔子曰："人而无信，不知其可也。"信用，是最为可贵的品质。诚信，作为道德的重要范畴，就是要求人们在一切生活中，做到实事求是，恪守信用。

诚信是做人处事之本，诚信待人，它会点燃你生命的明灯。生活不会亏待诚信于人的人。只有守信的人，才会有人信任你。男孩要利用好这个座右铭，不断激励自己，鞭策自己，做一个讲诚信的信义之人。

卖火柴的小男孩

信用难得易失，费十年工夫积累的信用，往往会由于一时的言行而失掉。

——池田大作

18世纪英国的一位有钱的绅士，一天深夜他走在回家的路上，被一个蓬头垢面衣衫褴褛的小男孩儿拦住了。"先生，请您买一包火柴吧。"小男孩儿说道。"我不买。"绅士回答说。说着绅士躲开男孩儿继续走。"先生，请您买一包吧，我今天还什么东西也没有吃呢。"小男孩儿追上来说。绅士看到躲不开男孩儿，便说："可是我没有零钱呀。""先生，你先拿上火柴，我去给你换零钱。"说完男孩儿拿着绅士给的一个英镑快步跑走了，绅士等了很久，男孩儿仍然没有回来，绅士无奈地回家了。

第二天，绅士正在自己的办公室工作，仆人说来了一个男孩儿要求面见绅士。于是男孩儿被叫了进来，这个男孩儿比卖火柴的男孩儿矮了一些，穿得更破烂。"先生，对不起了，我的哥哥让我给您把零钱送来了。""你的哥哥呢？"绅士道。"我的哥哥在换完零钱回来找您的路上被马车撞成重伤了，在家躺着呢。"绅士深深地被小男孩儿的诚信所感动。"走！我们去看你的哥哥！"去了男孩儿的家一看，家里只有两个男孩的继母在招呼受到重伤的男孩儿。一见绅士，男孩连忙说："对不起，我没有给您按时把零钱送回去，失信了！"绅士却被男孩的诚信深深打动了。当他了解到两个男孩儿的亲父母都双亡时，毅然决定把他们生活所需要的一切都承担起来。

【优秀男孩应该懂的道理】 ....

做人做事一定要打出"诚信"的品牌。只要答应过的事情，就要"言必信，行必果"。只有这样真诚待人，才能得到他人的信任。否则，一切弄虚作假的行为，终究会弄巧成拙，从而惨遭失败。

诚信是作为一个人，尤其是一个优秀男人所必需的品质。无论是什么时候，在与人交往的过程中，我们都必须坚持诚实的原则，信守自己的诺言，只要答应别人的事，就要尽自己最大的努力去履行诺言。

在竞争日益激烈的今天，诚信已成为每个人立足社会不可或缺的无形资本，讲诚信应该是每个男孩应当从小具备的基本生存理念。古往今来，燕昭王千金买马骨、季布一诺千金、宋濂雪夜赴约等故事，无不向世人昭示了这样一个简单而深刻的真理，那就是：讲诚信者才能成大事。男孩，你做到这一点了吗？

习惯训练营：培养诚信习惯的方法和技巧

1.效仿榜样

榜样的力量是无穷的。以模范人物的优良品德、高尚道德情操作为自己的榜样，努力效仿，从小事做起，循序渐进，不懈追求，积极进取，做一个诚信人。

2.言行一致

在日常生活中，要表里如一，说到做到。许诺之前请三思，不打算去做的事情就不要答应，自己不确定能否做到的也不要满口答应，一些为期尚远的计划，更不要说得振振有词，谁也不能保证中间会有什么变化。

3.避免侥幸心理

很多孩子虽然在主观意向上觉得诚信很重要，明白诚信的意义和价值，应该以诚信待人处事，但在现实生活中却往往选择了不诚信。如明明知道在考试中作弊、作业抄袭、撒谎等是不对的，但仍有不少孩子明知故犯，将规章制度置于脑后，这种现象之所以存在，就是因为存在着侥幸心理。这是一种非常不健康的心理。它常常使人做出不正确的判断，错误地估计形势，产生各种消极的心理暗示，在不知不觉中，其诚信道德价值观发生了蜕变，从而迷失方向，误入歧途。因此在做事之前要三思，知道侥幸心理本质是一种"赌博、投机"心理，是对自己所作所为的一种"自我安慰"或者"自我鼓励"，是对基本明白"不良后果"而坚持去冒险的一种冲动。做到脚踏实地，这样才能认真地对待每一件事情，养成良好的诚信习惯。

4.慎独自律

慎独是在个人独处、无人的监督时，也坚守自己的道德信念，对自己的言行，小心谨慎，自觉按诚信要求行事，不做任何违反诚信的事。

行善的习惯——
赠人玫瑰，手有余香

改变服务生命运的一晚

人家帮我，永志不忘；我帮人家，莫记心上。

——华罗庚

一个风雨交加的夜晚，一对老夫妇走进一间旅馆的大厅，想要住宿一晚。

无奈饭店的夜班服务生说："十分抱歉，今天的房间已经被早上来开会的团体订满了。若是在平常，我会送二位到附近有空房的旅馆，可是我无法想象你们再一次地置身于风雨中，你们何不待在我的房间呢？它虽然不是豪华的套房，但还是蛮干净的，因为我必须值班，我可以待在办公室休息。"

这位年轻人很真诚地提出这个建议。

老夫妇大方地接受了他的建议，并对给造成服务生的不便致歉。

第二天雨过天晴，老先生要前去结账时，柜台仍是昨晚的这位服务生，这位服务生依然亲切地表示："昨天您住的房间并不是饭店的客房，所以我们不会收您的钱，也希望您与夫人昨晚睡得安稳！"

老先生点头称赞："你是每个旅馆老板梦寐以求的员工，或许改天我可以帮你盖栋饭店。"

几年后，服务生收到一位先生寄来的挂号信，信中说了那个风雨夜晚所发生的事，另外还附一张邀请函和去往纽约的来回机票，邀请他到纽约一游。

在抵达曼哈顿几天后，服务生在第5街及34街的路口遇到了当年那对老夫妇，这个路口正矗立着一栋华丽的新大楼，老先生说："这是我为你盖的饭店，希望你来为我经营，记得吗？"

这位服务生惊奇莫名，说话突然变得结结巴巴："您是不是有什么条件？您为什么选择我呢？您到底是谁？"

"我叫作威廉·阿斯特，我没有任何条件，我说过，你正是我梦寐以求的员工。"

就这样，这家饭店在1931年开张。这所饭店就是纽约最知名的华尔道夫饭店，是纽约极致尊荣的地位象征，也是各国高层政要造访纽约下榻的首选。

【优秀男孩应该懂的道理】

是什么改变了这位服务生的命运？毋庸置疑，是他与人为善的行为改变了他的命运，假如他不心存善念，如果当天晚上他不帮助那对老夫妇的话，那么结局就另当别论了。

人的本质是爱的相互存在，人的生活是由与他人的相互交往构成的。乐于助人，就是要求人们善于理解他人的处境、他人的情感和需要，随时准备从道义上去支持别人，从行动上去关心、帮助别人。这不仅仅是中华民族的传统美德，更应该成为当今社会提倡的道德风尚。

生活中，不少人认为帮助别人，自己就要有所牺牲；别人得到了，自己就一定会失去。其实很多时候，帮助别人并不意味着自己吃亏，其实也是在帮助自己。所以，男孩应该记住：当我们搬开别人脚下的绊脚石时，也许恰恰是在为自己铺路。我们在帮助别人的时候，也就是在帮助我们自己。

上帝给母亲最好的礼物

在一切道德品质之中，善良的本性在世界上是最需要的。

——罗素

森林被皑皑白雪覆盖着，寒风从松树间呼啸而过。汉森太太和她的三个孩子围坐在火堆旁，她倾听着孩子们说笑，试图驱散自己心头的愁云。

一年以来，她一直用自己无力的双手努力支撑着家庭，但日子一直很艰难，正在烧烤的那条青鱼是他们最后的一顿食物。当她看着孩子们的时候，凄苦、无助的内心充满了焦虑。几年前，死神之手带走了她的丈夫。她可怜的孩子杰克离开森林中的家，去遥远的海边寻找财富，再也没有回来。

但直到这时她都没有绝望。她不仅供应自己孩子的吃穿，还总是帮助穷困的人。虽然她的日子过得也很艰难，但她相信在上帝紧锁的眉头后面，有一张微笑的脸！

这时门口响起了轻轻的敲门声和嘈杂的狗吠声。小儿子约翰跑过去开门，门口出现了一位疲惫的旅人，他衣冠不整，看得出他走了很长的路。陌生人走进来，想借宿一晚，并要一口吃的。他说："我已经有一天没吃过东西了。"这让汉森太太想起了她的儿子杰克，她没有犹豫，把自己剩余的食物分了一些给这位陌生人。

当陌生人看到只有这么一点点食物时，他抬起头惊讶地看着汉森太太："这就是你们所有的东西？"他问道，"而且还把它分给不认识的人？你把最后的一口食物分给一个陌生人，不是太委屈你的孩子了吗？"

她说："我们不会因为一个善行而被抛弃或承受更沉重的苦难。"泪水顺着她的脸庞滑下，"我亲爱的儿子杰克，如果上帝没有把他带走，他一定在世的某个角落。我这样对待你，希望别人也这样对待他。今晚，我的儿子也许在外流浪，像你一样穷困，要是他能被一个家庭收留，哪怕这个家庭和我的家一样破旧，他一样会感到无比的温暖的。"

陌生人从椅子上跳起，双手抱住了她，说道："上帝真的让一个家庭收留了你的儿子，而且让他找到了财富。哦！妈妈，我是你的杰克。"

他就是她那杳无音讯的儿子，从遥远的国度回来了，想给家人一个惊喜。的确，这是上帝给这个善良母亲最好的礼物。

【优秀男孩应该懂的道理】

播种善良，才能收藏希望。人以善为本，善是心灵美最直接的体现。一个人最重要的是要有一颗善心，以善良之心对待人生，这应该是一个人一生追求的道德规范。善良的人一般性格温和、乐于助人，更容易得到上天的恩赐。

善良是做人最基本的品质，善良的情感及修养是人道精神的核心，只要我们从内心深处奉献出我们的善意和真诚，就能收获意想不到的成功。成功没有秘诀，凡事但尽善意。释放善意，你将会获得善意的回报。

徒手斗歹徒的徐洪刚

路见不平，拔刀相助。

——马致远

1993年8月17日，身为济南军区某红军团通讯连中士班长的徐洪刚从家乡返回部队。当他乘坐的大客车行至四川省筠连县巡司镇铁索桥附近时，车内的几个歹徒突然向一名青年妇女强行勒索钱物。当被拒绝后，歹徒一边对妇女耍流氓，一边把她往疾驶中的车外推。此刻，在角落里打盹儿的徐洪刚被惊醒了。见此情况，徐洪刚冲上去，大吼一声："住手，不许这样耍横！"

　　歹徒看到有人干预，气焰更加嚣张，继续把那位妇女往外推。徐洪刚一脚把后面的一个歹徒踢得不停地后退，又狠狠一拳打在另一个家伙胸口上。不料，从后面又蹿出两个歹徒，一个抱住徐洪刚的腿，一个死死地卡住他的脖子。最先寻衅的那个姓任的歹徒掏出匕首，向徐洪刚胸口猛刺一刀。在这生死关头，徐洪刚只有一个念头：和他们拼了！狭窄的车厢里，拳脚施展不开。四个歹徒把他团团围住，穷凶极恶地挥刀猛刺徐洪刚的胸、背、腹……鲜血染红了他身上的迷彩服，也染红了座椅、地板。司机把车刹住。歹徒纷纷逃窜。此时，身中14刀、肠子流出体外达50厘米的徐洪刚，奇迹般地用背心兜住往外流的肠子，紧跟着跳下车来，用全部的力气往前追出了50多米，然后一头栽倒在路旁……英雄救人民，人民爱英雄。每天前往医院探视英雄的人们成百上千……县公安局出动精悍队伍，在很短时间内将四名罪犯全部抓获归案。

　　见义勇为的英雄战士徐洪刚，在人民生命财产受到严重威胁的关键时刻，置个人生死于不顾，挺身而出，同犯罪分子进行面对面的斗争，用鲜血和生命谱写了一曲军民共建社会主义精神文明的时代正气歌。

【优秀男孩应该懂的道理】

　　分清是非，心怀正义，与不良现象做斗争，是社会对每个公民的基本要求。当非正义的事情发生在别人身上时，一个有正义感的人会见义勇为，伸张正义。

　　正义感是一种社会责任感，是一种高尚的情操和优良的品德，体现了人们崇尚正义、乐于助人、追求公平的美好愿望。《墨子·天志下》中说："义者，正也。"可见，义就是做应该做的事，坚持正确的道路和原则。具有正义感的人，会锄强扶弱，打抱不平，帮助他人。

　　时代呼唤见义勇为，社会需要见义勇为。见义勇为，匡扶正义，需要我们每一个人的实际行动和积极参与。只要千千万万人的见义勇为的勇气和精神汇集起来，就能形成匡扶社会正义的汪洋大海，就足以荡涤一切邪恶和丑陋，还社会以文明和公道，还世界以公平和正义。小男子汉，你们准备好了吗？

苏东坡帮忙卖扇子

同情在一切内在的道德和尊严中为最高的美德。

——培根

苏东坡是我国宋代著名文学家,他不仅文采斐然,写下了许多不朽的诗篇,而且心地善良,极富同情心。

苏东坡在钱塘做太守的时候,有一次有人告发了一位欠绫绢钱不还的人。苏东坡仔细推敲案情,觉得被告不像是一个欠钱不还的无赖。为了弄清案情,苏东坡马上派人把被告叫来。

这个人来到大堂上,一言不发。苏东坡见他衣着破旧,是一个老实人,便很和蔼地问道:"有人告发你,说欠钱不还,你认罪吗?"这人点头表示认罪。苏东坡又问他:"我看你并不像一个欠债不还的人,你为什么不还钱呢,是不是有什么隐情不好说,今天就在公堂上,你说来听听?"

听到太守说出这么体贴入微的话,这人感激地抬起头来,恭恭敬敬地回答道:"我家祖传以制扇为业,前不久父亲去世了,恰好妻子又在这个时候生孩子,家里的积蓄已经花得差不多了。再加上今年开春以来阴雨连绵,家里做好的扇子都卖不出去,所以,小人实在是没有钱还债呀。"

这个人说着说着,竟然哭了起来。苏东坡仔细想了想,觉得这个人如果只是因为没有钱还债就坐牢,实在有些冤枉,并且这样一来,还会使他已经十分窘困的家雪上加霜。能不能想个办法帮帮这个人呢?

苏东坡认真想了想,忽然有了一个主意,他对卖扇人说:"既然你的扇子卖不出去,那你就去把扇子拿来,我来帮你卖。"这人听了,大吃一惊,说:"这怎么可以呢?您可是大老爷呀。"苏东坡笑了笑,说:"你按照我说的去办就是了。"这人连忙叩头谢恩。

过了不一会儿，那个人把扇子拿来了，苏东坡看了看扇子，制作得确实很精美，于是，他就提起书案上批文用的判笔，在扇面上作起画来，或作行草书法，或作枯木竹石，不出一顿饭的工夫，就把所有的扇子都画完了。

苏东坡把扇子交给卖扇人说："把它们拿出去卖掉，赶紧偿还所欠的债务吧。"因为苏东坡的书法在当时就非常有名，很多达官贵族出高价请苏东坡绘画，苏东坡都不答应，因此，这个人刚一出门，就有好多人围了上来，扇子一下子就卖完了。许多没有买到扇子的人都紧紧地围着卖扇人，想看看能不能以更高的价钱再买一把，最后发现没有了，才十分懊丧地走了。

这时卖扇人仔细清点了一下卖扇子的所得，不仅可以还清欠款，还能有一点盈余。许多人听到这件事之后，都感慨不已，说苏东坡是一个极富同情心的好人。

【优秀男孩应该懂的道理】

同情是对他人的一种善意态度，即对别人发生的遭遇或行为在感情上发生共鸣，对他人的感情、思想和行为给予理解和支持，并有意促进他人这些愿望的实现。

同情心是人类最美好的一种情感之一，是人际交往中最重要的元素之一。同情别人的行为，不仅是一种良好的品德、高尚的情操，而且是人必备的一种最基本的素质。只有具备同情心的人，才会主动地理解、支持、帮助别人。

同情心是人的天性之一，也是构筑人类善良天性大厦的坚强柱石。具有同情心的男孩更能够体会他人的情感，更容易融入社会。

帮助别人，就是帮助自己

人生最美丽的补偿之一，就是人们真诚地帮助别人之后，同时也帮助了自己。

——爱默生

巴萨尔是从父亲的手中接过这家食品店的，这家古老的食品店很早以前就在镇上远近皆知了，他希望能够通过自己的努力，让食品店更加兴旺。

一天晚上，巴萨尔正在店里收拾货物清点账款，因为第二天他将和妻子一起去度假。他打算早早地关上店门，以便为外出度假做准备。忽然，他注意到店门外不知何时竟站着一位面黄肌瘦的年轻人，他衣衫褴褛、双眼深陷，一看就知道是一个典型的流浪汉。

巴萨尔是个热心肠的人。他走了出去，对那人说道："年轻人，有什么需要帮忙的吗？"

年轻人略带点腼腆地问道："这里是巴萨尔食品店吗？"他说话时带着浓重的墨西哥口音。"是的。"巴萨尔点了点头。

年轻人更加腼腆了，他低着头，小声说道："我是从墨西哥来找工作的，可是整整两个月了，我仍然没有找到一份合适的工作。我父亲年轻时也来过美国，他告诉我他在你的店里买过东西，喏，就是这顶帽子。"

巴萨尔看见小伙子的头上果然戴着一顶十分破旧的帽子，那个被污渍弄得模模糊糊的"V"字形符号正是他店里的标记。"我现在没有钱回家了，也好久没有吃过一顿饱餐了。我想……"年轻人继续说道。

巴萨尔知道眼前站着的人只不过是多年前一个顾客的儿子，但是，他觉得自己应该帮助这个小伙子。于是，他把小伙子请进了店内，好好地让他饱餐了一顿，并且还给了他一笔路费，让他回国。

不久，巴萨尔便将此事淡忘了。过了十几年，巴萨尔的食品店越来越兴旺，在美国开了许多家分店，于是他决定向海外扩展，可是由于他在海外没有根基，要想从头发展困难重重。为此，巴萨尔一直犹豫不决。

正在这时，他收到了一封来自墨西哥的信件，原来写信人正是多年前他曾经帮助过的那个流浪青年。此时，当年的那个年轻人已经成了墨西哥一家大公司的总经理，他在信中邀请巴萨尔来墨西哥发展，与他共创事业。这对于巴萨尔来说真是喜出望外，有了这位总经理的帮助，巴萨尔很快在墨西哥建立了他的连锁店，而且经营发展得异常顺利。

【优秀男孩应该懂的道理】

一个流浪青年，谁又能想到多年之后，他能成为大老板呢？倘若当时巴萨尔没有帮助这位青年，他的事业之路也不会发展得那么顺利。这种回报与其说是上帝的赐予，不如说是巴萨尔当初种下了善因，而一个有着善心和善举的人，是应该得到回报的。

正所谓"行下春风，必有秋雨"，许多人活一辈子都不会想到，自己在帮助别人时，其实真正是帮助了自己。在日常生活中，许多偶然的事情，将会决定你未来的命运，而生活却从来不会说什么，但却会用时间诠释这样一个真理：帮助别人，就是帮助自己。

习惯训练营：培养行善习惯的方法和技巧

1.摆正心态

事实上，我们总想从别人那里获取更多的东西，自己却吝啬哪怕一点点的付出。心理学家马斯洛指出，人都有爱与被爱的需要。我们更关注被爱和受尊重的感受,却往往忽视了爱与尊重他人的前提。其实,你只要主动去关照、帮助一下别人,你眼前的世界也许就会因此而改变。所以,我们要舍弃一些不必要的自我意识,帮助别人做一些力所能及的事情。

2．救人危急

人生在世,难免都会有失败与不幸的遭遇,当碰到别人遭到祸害之时,应当像自己碰到灾难一样,尽力给予协助,譬如拿话安慰,或给予其他方式的接济都可以。

3．从身边小事做起

并不是轰轰烈烈地助人才是行善、做好事。做好很多身边力所能及的事同样是在做好事:爬山时,看到别人丢弃的矿泉水瓶子,随手捡起,扔进垃圾箱,这些小善行一样也是做好事,与见义勇为一样有意义。

反思的习惯——
学会反省，你会进步更快

告状的鸭子

　　反省是一面镜子，它能将我们的错误清清楚楚地照出来，使我们有改正的机会。

——海涅

　　一天，一只鸭子跑到国王面前控诉："国王陛下，法令曾宣布森林里的动物之间要相互友爱、和平相处，但现在却有人违背了这原则。"

　　"谁这么大胆，竟敢打破和谐的秩序？"国王急切地问道。

　　鸭子抹了抹眼泪，委屈地说道："今天上午，我潜到水底之前，把我的孩子托付给老马照顾，它非但不好好照管，还踩伤了我的孩子，现在，我要来讨回公道！"

　　于是，国王在森林里召开了公开的审判大会，他把老马叫来，问道："你受人之托，应当忠人之事，你为什么不好好地照看鸭子的孩子。"

老马委屈地回答："是的，我本应好好照看，但是，我的确不是故意的，更不是邪恶的目的，我听见啄木鸟用长嘴敲出鼓一样的声音，我以为战争降临了，我惊慌失措地急于逃避战争，不慎踩到了鸭子的孩子，我发誓，我绝对不是有意的。"

国王叫来了啄木鸟问："是你敲出鼓声宣告战争要降临了吗？"

啄木鸟回答道："是我，国王，但我这么做是因为看到蝎子在磨它的匕首。"

国王叫来蝎子问："你为什么磨你的匕首？"

蝎子回答说："因为我看见乌龟在擦它的盔甲。"

国王叫来乌龟问："你为什么擦你的盔甲？"

乌龟辩解说："因为我看见螃蟹在磨它的刀。"

国王叫来螃蟹问："你为什么磨刀？"

螃蟹回答说："我看见虾在练标枪。"

国王叫来虾问："你为什么练标枪？"

虾辩解说："因为我看见鸭子在水底吃掉了我的孩子！"

听完了上面的回答，国王看着鸭子说："现在，你明白孩子不幸的根源了吧！主要责任不在老马身上，而应该算在你自己的头上，这就是种瓜得瓜，种豆得豆。"

【优秀男孩应该懂的道理】

发现别人的错误容易，认识自己的错误难，其实，人们也经常犯下类似鸭子的错误：看不到自己的过错，总是把责任推给别人，不懂得反省自己的行为。

自省是一个人得以认识自己、分析自己，并有效提高自己的最佳途径。自省，是对自己的行为思想做深刻检查和思考、修正人生道路的一种方法。懂得自省，人格才能不断趋于完善，人才能慢慢地走向成熟。通过自省，做人才会越来越成功，生活才会越来越幸福。

俗话说，金无足赤，人无完人。人活在世上，谁都难免有这样或那样的缺点和错误，谁都难免有丑陋的一面。就连爱因斯坦都宣称，他的错误占90%，那么普通人身上的错误就更不用说了。所以，每个人都要经常跳出自身反省自己，取出自己的心，一再地检视它，这样才能真正了解自己。

反省自己的错误

每个人都会犯错，但是，只有愚人才会执过不改。

——西塞罗

有一个叫吴刚的学生由于家里经济条件不太好，被迫选择在家乡的一所大学走读。感到委屈的他，有一天在和父亲发生激烈的争吵后，冲动之下在交给老师的卡片上写下了一句"我是傻瓜的儿子"。卡片交给老师之后，吴刚便感到有些后悔，开始变得惴惴不安起来。第二天上课的时候，老师并没有专门向他说什么，只是在发还给他的卡片上写了简短的一句话："是不是'傻瓜的儿子'与一个人未来的人生有多少关系呢？"老师的话引起了吴刚深深地反思："我常常把不顺心的事情归咎于父母，总是想：如果不是因为他们没有钱，如果不是他们错误的干涉，如果不是他们没有本事，我就不至于落到这个地步。而对于自己却缺少自知之明，理直气壮地认为自己总是对的，总是把成功归功于自己，把失败推诿给父母。"老师简单的一句话引发了吴刚的反省，让他从"自我中心"中跳出来，检讨自己，并学会去做一个有责任感的人。变化在不知不觉中发生了，一个学期之后，吴刚的学习成绩提高了，朋友也增加了，而最令人欣喜的是，和父亲的争吵完全消失了。

【优秀男孩应该懂的道理】

事实证明，自我反省能力能够促使人更快地成长。人们通过反省及时修正错误，不断地调整自己的心态和做事方法，所以掌握了自我反省的能力，就等于掌握了自我完善和健康成长的秘方。一个善于反省的人，总能看到别人身上的优点，也不会因为别人的优秀而产生嫉妒心理，他会以一颗欣赏的心去对待别人，并且向他们学习；一个善于反省的人，不会抱怨社会的不公，反而会感谢社会给予自己的机会及帮助。

反思失败的原因

不会从失败中寻找教训的人，他们的成功之路是遥远的。

——拿破仑

在美国，有个叫道密尔的企业家，专买濒临破产的企业，而这些企业在他手中，又一个个起死回生。有人问："你为什么总爱买一些失败的企业来经营？"道密尔回答："别人经营失败了，接过来就容易找到它失败的原因，只要把缺点改过来，自然会赚钱，这比自己从头干省力多了。"

【优秀男孩应该懂的道理】

道密尔的聪明之处就是在于他善于反思他人的失败原因，把别人的失败变成了自己的财富。

其实，在成长发展的过程中，很多人都会犯这样那样的错误，也就是说，都会在不同的程度上遭遇失败。失败并不可怕，可怕的是失败了之后没有经过认真总结以致继续失败。一个渴望自己真正在人生事业方面有所发展的人，如果会从失败中找出原因，不再犯同样的错误，他就会成为一个成功的人。

孔子改诗的故事

知错就改，永远是不嫌迟的。

——莎士比亚

一天，孔子带领着子路、子贡、颜渊等几个门生外出讲学。师生们来到海州，天空忽然电闪雷鸣，狂风暴雨大作。当地的一个老渔翁把他们领进一个山洞避雨。

这山洞面对着大海，是老渔翁平常歇脚的地方。孔子觉得洞里有点闷热，便走到洞口，观看雨中的海景，看着看着，不觉诗兴大发，吟成一联：风吹海水千层浪，雨打沙滩万点坑。

老渔翁听了忙道："先生，你说得不对呀！难道海浪整头整脑只有千层，沙坑不多不少正好万点？先生你数过吗？"

孔子觉得老渔翁的话有几分道理，便问道："既然不妥，怎样才合适呢？"

老渔翁不慌不忙地说："咱生在水边，长在海上，时常唱些渔歌。歌也罢，诗也罢，虽说不必真鱼真虾，字字实在，可也得合情合理，句句传神。依我看，你那两句应当改成这样：'风吹海水层层浪，雨打沙滩点点坑。' 浪层层，坑点点，数也数不清，这才合乎情理。"

子路在一旁火了，冲着老渔翁说："哎，圣人作诗，你怎能乱改！"

孔子喝道："子路！休得无礼！"

老渔翁拍着子路的肩膀说："圣人有圣人的见识，但也不见得样样都比别人高明。比方说，这鱼怎么打，你们会吗？"一句话，把子路问了个哑口无言。

老渔翁瞧着子路的窘态，也不答话，飞身奔下山去，跳上渔船，撒开渔网，打起鱼来。

孔子看着老渔翁熟练的打鱼动作，想着他谈海水、改诗句、议"圣人"、责子路的情形，猛然间发觉自己犯了个大错误，于是把门生招拢在一起，严肃地说："为师以前对你们讲过'生而知之'，这句话错啦！大家要记住：知之为知之，不知为不知，是知也！"

说罢，顺口吟出小诗一首：

登山望沧海，茅塞豁然开；

圣贤若有错，即改莫徘徊！

【优秀男孩应该懂的道理】 ··

错误是有教育意义的，一个人可以从错误中学到很多东西。这样，一个小小的错误就能够警告人们避免大的错误。如果一个人不肯承认自己做过错事，那他就失掉了这种避免大失误的宝贵经验，而他在以后还会继续犯这种错误。最终，他一定会颓丧地坐下来，哀叹自己悲惨的命运。

如果自己错了，最好能够在他人觉察之前就能大胆承认。一个勇于承认错误的人一定会获取他人的信任，也能赢得他人的尊重。如果一个人真正从所犯的错误中吸取了教训，那么他的生活就一定会发生改变，他获得的不仅仅是经验，更多的是智慧，从而为自己的人生拓展平坦的大道。

朋友的建议

成功的起始点乃自我分析，成功的秘诀则是自我反省。

——陈安之

周凯和张立光两人是好朋友。一天，两个人偶然相遇了。周凯对自己的工作非常不满意，就对张立光抱怨说："我的老板根本就不把我放在眼里，哪一天我一定要对他拍桌子，然后辞职不干！"

张立光反问道："你对那家贸易公司的业务完全了解了吗？对于国际贸易的流程完全掌握了吗？"周凯说："没有！"张立光说："我建议你还是好好地把贸易技巧、商业文书和公司组织完全搞明白，甚至连修理打印机的小故障也学会，然后再辞职不干。"

周凯认为张立光的"建议"有道理：先在公司免费学东西，等一切都学会之后，再一走了之，既出了气，又能挣钱，还会有许多收获！从那以后，周凯就默记偷学，甚至下班后，还留在办公室里钻研商业文书。

很快，一年的时间过去了。一天，周凯和张立光又见面了。张立光问："你现在大概把公司的一切都学会了，可以准备拍桌子不干了吧？"然而，周凯却红着脸说："可是我发现这半年来，老板对我刮目相看，最近更是委以重任，又提升我，又给我加薪，我已经成为公司的骨干了！"

【优秀男孩应该懂的道理】

当你遇到不公或失败时，不要一味地怨天尤人，与其牢骚满腹，不如平心静气地正视自己，客观地反省自己，如此你便会发现自己的不足和差距。

一个人之所以能够不断进步，正是因为他能够不断地自我反省，找到自己的缺点或者做得不好的地方，然后不断改正。对成人而言，具备自我反省的能力，就能正确地认识自己的优缺点，自尊、自律、有计划地规划自己的人生，遇到困难和挫折时，能够及时调整自己的情绪，积极进取，度过一次次难关，一步步走向成功。对于男孩来说，学会自我反省，更是关系到他们当前的良好发展和日后的人格塑造。一个不懂得自我反省的男孩，永远不会懂得自己的过错与不足，这只能为他们的成长平添许多障碍与烦恼，反之，当男孩学会了内省，便能做到扬长避短，获得良好的进步和发展，从而成为一个自信、自立、自律的人。只有这样的人，才能顺利地越过成长过程中的障碍，抵达成功的彼岸。

习惯训练营：培养反思习惯的方法和技巧

1.虚心接受他人的批评

事实上，没有人喜欢挨批评。

要想让自己变得更加完美和优秀，接受批评是最好的方法，因为别人的批评会告诉你，现在是一种什么状态，并促使你去改变。所以，受到严厉的批评，你不应该抱怨、觉得委屈，更不应该破罐子破摔，而是应该感激愿意指责你的人，他们使你看到自己的不足。批评源于关心，我们对待他人的批评都应该虚心接受，有则改之，无则加勉。只有虚心接受批评的人，才能改正缺点，提升自己。因此，我们必须养成虚心接受批评的习惯。

2.勇于自我批评

任何人都难免会犯一些错误，而面对错误，大多数人都不会觉得错误在自己身上，总是千方百计地找借口为自己开脱。其实，真正聪明的人，会做自己最严格的批评者。批评自己是完善自己的前提。所以，男孩应该有批评与自我批评的意识，要认识到，人只有在不断改正错误与不断提高的过程中才能很好地进步，将来，我们进入社会，也才可能以一种正确的态度去面对生活中的每一件事！

3.每天问自己几个问题

自我反省是男孩成长的一个秘诀。男孩不妨在每天结束时，好好问问自己下面的问题：今天我到底学到些什么？我有什么样的改进？我是否对所做的一切感到满意？如果男孩每天都能改进自己的能力并且过得很快乐，必然能获得意想不到的丰富人生。真诚地面对这些提出的问题就是反省，其目的就是让我们不断地突破自我的局限，省察自己，开创成功的人生。

高效做事的习惯——
找对方法，提高做事效率

找对做事的方法

世界上只有两种物质：高效率和低效率；世界上只有两种人：高效率的人和低效率的人。

——萧伯纳

很久以前，有一个非常勤劳却又非常贫穷困苦的人，至于为什么勤劳的人反而那么贫穷，却没有人知道。

这个勤劳的人，也不知道自己为什么贫穷。

但他并没有改变他勤劳的本性，到处去打零工维生。

有一次，勤劳的人到一个富翁家做工。工作完成后，富翁送给他一只死掉的骆驼作为报酬。

这个勤劳的人高兴得不得了，把骆驼拖回家去，心里盘算着：这骆驼皮非常有价值，应该把它剥下来出售，剩下的肉则留下来慢慢享用。

勤劳的人拖着骆驼回家时，附近的邻居都跑来看他的骆驼，大家都为他高兴："这样勤劳的人终于得到报偿，卖了骆驼皮后应该可以改善他的生活吧！"

许多人围在他家的门口，观看他为骆驼剥皮。

勤劳的人拿出一把小刀，开始为骆驼剥皮，小刀很快就钝了，他跑上阁楼找到一个磨刀石，于是便在阁楼上磨刀。

磨完刀后，他跑下阁楼，又开始剥皮，剥了几下后，小刀又钝了，他又跑上阁楼磨刀。

又剥没几下，小刀又钝了，他又跑上阁楼磨刀……

他就这样跑上跑下，反反复复地来回折腾，围观的人看得眼花缭乱、莫名其妙。

跑了几百趟之后，他已经快要累死了，就动脑筋想：我这样跑上跑下磨刀子太累了，恐怕骆驼皮尚未剥好，我已经累死，我应该想一个解决的方法才对。

最后，他终于想到一个最好的方法：把骆驼拉到阁楼上，就着磨刀石剥皮。

但是通往阁楼的楼梯太小，他只好用绳索捆绑骆驼，再把骆驼从窗户外吊进阁楼，他才放心地自言自语："这下磨刀子就方便多了，不必再跑上跑下。"

有一些感到好奇的邻人，看他把骆驼吊到楼上，忍不住登上阁楼探看，知道他费尽千辛万苦把骆驼悬吊到楼上，是要就着磨刀石磨刀，都感到非常可笑。

这时，人们才恍然大悟为什么眼前这个人非常勤劳却非常贫穷。

【优秀男孩应该懂的道理】

这个故事告诉我们，对于做事而言，方法和勤奋都是必不可少的，但是，二者相比，方法比勤奋更重要。如果你要提高做事的效率，必须掌握做事的方法和艺术。否则，辛苦劳累，还不会有效果。

有一句俄罗斯谚语："巧干能捕雄狮，蛮干难捉蟋蟀。"这句话道出了一个普遍的真理，即做事要讲究方法，巧干胜于蛮干。巧干是一种分析判断、解决问题和发明创造的能力，是敏锐机智、灵活精明的反映，也是充满活力、随机应变的智慧。巧干是抓住了事情的关键，并找到了有针对性方法的结果。巧干既可以减少劳动量，又可以达到事半功倍的效果。

生活中，我们常常会看到这样的情况：有的男孩学习很认真，每天都不停地学习，还常常挑灯夜读，但是由于学习方法不正确，效率很低，学习绩效平平；有的男孩很少回家用功读书，因为学习方法正确，能够用较少的时间来完成学习任务，成绩相当好。究其原因，主要是方法技巧问题，所以在学习中，我们还要注意学习的方法和技巧。当遇到学习困难时，绝对不应该一味死学硬记，要多动些脑筋，看看自己的方法是不是正确。

商人的两个儿子

最重要的事情先做，别无其他选择不要先做那些次要的事情。如果不做这样的选择，那将一事无成。

——德鲁克

有一个商人带着两个年轻的儿子和一头骆驼及许多贵重的货物，到很远的地方去做生意。时值春天，父子三人牵着骆驼上路了，他们看到农夫在田野工作，这位商人就对儿子说："世间的万事以及事业，哪一件不是经过千辛万苦的经营，而后才得到血汗的成果。你看农夫若无春天辛劳的工作，哪有秋天的收获。"年轻的儿子说："爸，我们出门经商，不也像农人的春耕，若不经遥远的旅途奔走，哪能赚得最优厚的利润呢？"商人点点头表示同意儿子的看法。

他们经过了田野，穿过了森林，要开始爬山了。若翻过这座山就到了做生意的地方。可是不幸的是，在爬山的时候，载货物的骆驼忽然倒在山路上死了，这使他们感到万般为难。父子三个人只是呆呆地坐在那里叹息，不知怎样善后才好。最后，父亲说："先将骆驼身上的货物卸下来再说。"

两个孩子立刻卸下了骆驼身上的货物，货物卸好时，父亲又说："骆驼已经死了，它的皮还有用处，就将它的皮剥下吧！"又忙了一阵，他们将骆驼的皮剥下来了。父亲心想：既然货物不能运到市场去卖，只好回家再准备一头骆驼，再来运这些货物。于是吩咐儿子说："现在我回家，再牵一头骆驼来，你们好好看着这些货物，特别是这只骆驼皮，莫使它损坏。"

商人吩咐后，便一个人下山去了，没想到第二天竟下起大雨，两个年轻人见下大雨，便想起父亲吩咐，特别要照顾骆驼皮，就将货物中最高贵的白毛毡，盖在骆驼皮上。大雨下了好几天，白毛毡被雨损坏了，而骆驼皮也腐烂了，货物也统统损坏。最后他们一无所有。

【优秀男孩应该懂的道理】

故事的结局为什么会这样呢？从根本上讲就是因为这两个青年没能抓住事情的重点，不分主次，本末倒置。到底是骆驼皮重要还是货物重要，他们连最基本的问题都没有分清，谈何顾全大局呢？这样一来货物统统没有了，不是很可惜的事情吗？

因此，想问题、办事情应该牢牢抓住事情的重点，不能主次不分，因小失大。俗话说：打蛇打七寸。无论解决什么问题都要抓住关键，这样才能取得事半功倍的效果，再大的困难也能迎刃而解。

心无旁骛，专注做好一件事

忙碌和紧张，能带来高昂的工作情绪；只有全神贯注时，工作才能产生高效率。

——松下幸之助

一家公司在招聘员工时，特别注重考察应聘者的专心致志的工作习惯。通常在最后一关时，都由董事长亲自考核。现任经理要职的约翰逊在回忆当时应聘时的情景时说："那是我一生中最重要的一个转折点，一个人如果没有专注工作的精神，那么他就无法抓住成功的机会。"

那天面试时，公司董事长找出一篇文章给约翰逊说："请你把这篇文章一字不漏地读一遍，最好能一刻不停地读完。"说完，董事长就走出了办公室。

约翰逊想：不就读一遍文章吗？这太简单了。他深呼吸一口气，开始认真地读起来。过了一会儿，一位漂亮的金发女郎走过来，"先生，休息一会吧，请用茶。"她把茶杯放在桌几上，冲着约翰逊微笑着。约翰逊好像没有听见也没有看见似的，还在不停地读。

又过了一会儿，一只可爱的小猫伏在了他的脚边，用舌头舔他的脚踝，他只是本能地移动了一下他的脚，丝毫没有影响他的阅读，他似乎也不知道有只小猫在他脚下。

那位漂亮的金发女郎又飘然而至，要他帮她抱起小猫。约翰逊还在大声地读，根本没有理会金发女郎的话。

终于读完了，约翰逊松了一口气。这时董事长走了进来问："你注意到那位美丽的小姐和她的小猫了吗？"

"没有，先生。"

董事长又说道："那位小姐可是我的秘书，她请求了你几次，你都没有理她。"

约翰逊很认真地说："你要我一刻不停地读完那篇文章，我只想如何集中精力去读好它，这是考试，关系到我的前途，我不能不更专注一些。别的什么事我就不太清楚了。"

董事长听了，满意地点了点头，笑："小伙子，你表现不错，你被录取了！在你之前，已经有50人参加考试，可没有一个人及格。"他接着说："现在，像你这样有专业技能的人很多，但像你这样专注工作的人太少了！你会很有前途的。"

果然，约翰逊进入公司后，靠自己的业务能力和对工作的专注和热情，很快就被董事长提拔为经理。

【优秀男孩应该懂的道理】

专注能给人们带来成功的机遇！一个专注的人，往往能够把自己的时间、精力和智慧凝聚到所要干的事情上，从而最大限度地发挥积极性、主动性和创造性，提高做事效率，努力实现自己的目标。对男孩来说更是如此，只有善于克制自己，把精力投入学习中，完成自己的职责，才有成功的希望。

在世事喧腾、红尘滚滚中静下心来，专注于某一事业，不受其他欲望诱惑的摆布，是一件非常艰难的事，但是唯有如此才能成就于某一天地。因为专注会带来更多的成功机会。如果我们集中精力专注于一件事，就能把这件事做得更快、更好。

把重要的事情放在第一位

做事要看大目标，不要只顾小事情。

——余世维

有位时间管理专家为一所商学院的毕业生上最后一节课。他手中没有拿教案，而是在讲桌上放了一个大大的透明玻璃瓶。专家说："同学们，能教给你们的我已经都教了。今天，我们来做一个小实验。"学生们都好奇地看着专家。只见他从书桌里拿出一堆拳头大的石块，然后一块块放进那个大大的玻璃瓶里，瓶子很快装满了。然后，专家问学生："大家看一看，瓶子满了没有？是不是瓶子再也装不下了？""满了。"所有的学生异口同声。

"真的吗？"专家从书桌里拿出了一桶碎石，一点一点地放进了那个大玻璃瓶，晃一晃，碎石落在了大石头的缝隙里，不一会儿，碎石被全部放进了玻璃瓶。"现在，玻璃瓶里是不是真的满了？还能不能装下东西了？"有了第一次的教训，学生们有些谨慎，没有人回答。只有一个学生小声说："我想应该没有满。"

专家用赞许的眼光看了看那个学生，再次从书桌里拿出一杯细沙，缓缓地倒进玻璃瓶，细沙很快填上了碎石之间的空隙，半分钟后，玻璃瓶的表面已经看不到石头了。"同学们，这次你们说瓶子满了吗？""还没有吧。"学生们回答，但是心里却没有把握。

"没错。"专家拿出了一杯水，从玻璃瓶敞开的口里倒进瓶子，水渗下去了，并没有溢出来。这时，专家抬起头来，微笑着问："这个小实验说明了什么？"一个学生马上站起来说："它说明，你的时间是可以挤出来的。"

专家点点头，说："是的，你说对了一个方面。但最重要的一点，你还没有说出来。"他顿了顿，接着说，"它还告诉我们，我们的时间并不是可以随便用的。如果不是首先把石块装进玻璃瓶里，那么你就再也没有机会把石块放进去了，因为玻璃瓶里早已装满了碎石、沙子和水。而当你先把石块装进去，玻璃瓶里还会有很多你意想不到的空间来装剩下的东西。我们的人生，总有重要的事和不重要的事。如果你任由不重要的事占满你的时间，那么那些对你真正重要的事就没有机会去做了。而只有那些真正重要的事才有沉甸甸的分量，足以影响你的一生。大石块就是你生命中重要的事，而碎石、沙子和水是生命中的琐事，有些甚至是可做可不做的。如果你将自己所有的时间都花在这些事上，你就是在浪费时间。在你们走出校门以后，不管你选择怎样的人生道路，你们必须分清楚什么是石块，什么是碎石、沙子和水，还要切记，永远把石块放在第一位。"

【优秀男孩应该懂的道理】

提高做事效率的关键在于：分清轻重缓急，设定优先顺序。古人云："事有先后，用有缓急。"任何事情都有轻重缓急之分。重要性最高的事情应该优先处理，不应将其和重要性最低的事情混为一谈。对于那些零零散散的事务，我们可以先把它们按照"急重轻缓"的顺序，整理好再着手处理。只有分清哪些是最重要的并把它做好，做事才会变得井井有条、简约有效。

习惯训练营：养成高效做事习惯的方法和技巧

1.避免拖延

拖延必然要使人付出更大的代价，心理压力增大，心情也不愉快。时间的最大损失是拖延、期待和依赖未来。所以，做事要养成雷厉风行的习惯，现在能完成的事情，不要拖到一小时之后去做，今天能完成的事情不要拖到明天去做。

2.做事前安排顺序

做事前，要有一个全面系统的顺序安排，按照安排的顺序做事。有序必须是建立在合理的基础上的。比如，早上起床做事的顺序是穿衣—叠被子—整理房间—刷牙洗脸—吃早饭—拿书包—出门上学。如果不按顺序，势必造成混乱，影响效率。

3.第一次就把事做好

做事要认真，一次性做好，避免失误。因为失误后必然要返工重做，无形中增加了做事的时间，降低了做事的效率。比如，写作业不能一次做好，改来改去，改的过程不仅浪费你的时间，还降低了效率。

4.制订计划

相信笔记，不相信记忆。男孩应养成"凡事预则立"的习惯。一天之计在于昨晚，不在于今晨；一月之计在于上月底，不在于月初；一年之计不在于年初，而在于上年末。做好计划，将一切事情排成计划表，并按时完成，效率才是最高的。

下篇
成为优秀男孩的 9 种能力

在如今的知识经济时代，能力已成为一种取代学历、知识与财富的人生资源，它取之不尽，用之不竭。能力即是资本，即是财富，即是无价之宝。一位哲人曾经说过："一个不能靠自己的能力改变命运的人，是不幸的，也是可怜的，因为这个人没有把命运掌握在自己手中，反而成为命运的奴隶。"

男孩正处在由幼稚走向成熟的人生过渡期，这一时期是人生中承前启后的转折点，是为未来搏击人生做充分的物质和精神准备的关键时期。在这个时期，如果男孩能够具备一些必不可少的能力，就等于拿到了打开成功之门的钥匙，可以更好地适应未来社会。

学习的能力——
知识改变命运，读书成就未来

期末考试的最后一天

人不光是靠他生来就拥有一切，而是靠他从学习中所得到的一切来造就自己。

——歌德

这是美国东部一所大学期终考试的最后一天。在教学楼的台阶上，一群工程学高年级的学生挤作一团，正在讨论几分钟后就要开始的考试，他们的脸上充满了自信。这是他们参加毕业典礼和工作之前的最后一次测验了。

一些人在谈论他们现在已经找到的工作，另一些人则谈论他们将会得到的工作。带着经过4年的大学学习所获得的自信，他们感觉自己已经准备好了，并且能够征服整个世界。

他们知道，这场即将到来的测验将会很快结束，因为教授说过，他们可以带他们想带的任何书或笔记。要求只有一个，就是他们不能在测验的时候交头接耳。

他们兴高采烈地冲进教室。教授把试卷分发下去。当学生们注意到只有5道评论类型的问题时，脸上的笑容更加生动了。

3个小时过去了，教授开始收试卷。学生们看起来不再自信了，他们的脸上是一种恐惧的表情，没有一个人说话。教授手里拿着试卷，面对着整个班级。

他俯视着眼前那一张张焦急的面孔，然后问道："完成5道题目的有多少人？"没有一只手举起来。"完成4道题的有多少？"仍然没有人举手。"3道题？"学生们开始有些不安，在座位上扭来扭去。"那一道题呢？"

但是整个教室仍然很沉默。

"这正是我期望得到的结果。"教授说，"我只想给你们留下一个深刻的印象，即使你们已经完成了4年的工程学习，关于这项科目仍然有很多的东西你们还不知道。这些你们不能回答的问题是与每天的普通生活实践相联系的。"然后他微笑着补充道："你们都会通过这个课程，但是记住——即使你们现在已是大学毕业生了，你们的学习仍然还只是刚刚开始。"随着时间的流逝，教授的名字已经被遗忘了，但是他教的这堂课却没有被遗忘。

【优秀男孩应该懂的道理】

知无涯，学无境。学习是一生一世的事，只有不断学习，才能成为真正的强者，更好地实现自身的价值。

学习是一种信念，也是一种可贵的品质。随着人类文明的发展，知识也需要不断地更新。只有不断学习，才能使自己跟上社会的发展。对我们有价值的，并不是在学校念过书的事实，而是我们求学的态度。学，可以立志；学，可以成才；学，永远不能停止。

法拉第的成功

我们一定要给自己提出这样的任务：第一是学习，第二是学习，第三还是学习。

——列宁

1791年，法拉第出生在伦敦市郊一个贫困铁匠的家里。父亲收入微薄，常生病，子女又多，所以法拉第小时候连饭都吃不饱，有时他一个星期只能吃到一个面包，当然更谈不上去上学了。

法拉第12岁的时候，就上街去卖报，一边卖报，一边从报上识字。到13岁的时候，法拉第进了一家印刷厂当图书装订学徒工，他一边装订书，一边学习。每当工余时间，他就翻阅装订的书籍。有时甚至在送货的路上，他也边走边看。经过几年的努力，法拉第终于摘掉了文盲的帽子。

渐渐地，法拉第能够看懂的书越来越多。他开始阅读《大英百科全书》，并常常读到深夜。他特别喜欢电学和力学方面的书。法拉第没钱买书、买本子，就利用印刷厂的废纸订成笔记本，摘录各种资料，有时还自己配上插图。

一个偶然的机会，英国皇家学会会员丹斯来到印刷厂校对他的著作，无意中发现法拉第的"手抄本"。当他知道这是一位装订学徒记的笔记时，大吃一惊，于是丹斯送给法拉第皇家学院的听讲券。

法拉第以极为兴奋的心情来到皇家学院旁听。做报告的正是当时赫赫有名的英国著名化学家戴维。法拉第瞪大眼睛，非常用心地听戴维讲课。回家后，他把听讲笔记整理成册，作为自学用的化学课本。

后来，法拉第把自己精心装订的化学课本寄给戴维教授，并附了一封信，表示："极愿逃出商界而入于科学界，因为据我的想象，科学能使人高尚而可亲。"

收到信后，戴维深为感动。他非常欣赏法拉第的才干，决定把他招为助手。法拉第非常勤奋，很快掌握了实验技术，成为戴维的得力助手。

半年以后，戴维要到欧洲大陆做一次科学研究旅行，访问欧洲各国的著名科学家，参观各国的化学实验室。戴维决定带法拉第出国。就这样，法拉第跟着戴维在欧洲旅行了一年半，会见了安培等著名科学家，长了不少见识，还学会了法语。

回国以后，法拉第开始独立进行科学研究。不久，他发现了电磁感应现象。1834年，他发现了电解定律，震动了科学界。这一定律，被命名为"法拉第电解定律"。

法拉第依靠刻苦自学，从一个连小学都没念过的装订图书学徒工，跨入了世界第一流科学家的行列。恩格斯曾称赞法拉第是"到现在为止最大的电学家"。

1867年8月25日，法拉第坐在他的书房里看书时逝世，终年76岁。由于他对电化学的巨大贡献，人们用他的姓——"法拉第"作为电量的单位；用他的姓的缩写——"法拉"作为电容的单位。

【优秀男孩应该懂的道理】

在人的一生之中，要有所成就，就必须不断学习，并且把学习贯穿于自己的一生。

未来的竞争实质就是学习的竞争，谁学习得更快、理解得更深，谁就会走在发展的前列。在竞争日趋激烈的今天，我们面临着社会、科学技术高速发展和高频变化的挑战，面临着更新观念和提高技能的挑战，因此，我们要建立坚持学习的能力。在这个社会里，对学习不感兴趣，或是"忙得没工夫看书"的人，终会被时代的激流所淘汰。

不断地学习是成功必备的重要条件。我们要用学习来武装自己的头脑，充实自己的生活。因为，只有不断地学习，才能不断地进步，只有不断地进步，才能一步步接近成功。

学习可以改变人生

　　任何一个人，都要必须养成自学的习惯，即使是今天在学校的学生，也要养成自学的习惯，因为迟早总要离开学校的！自学，就是一种独立学习、独立思考的能力。行路，还是要靠行路人自己。

——华罗庚

　　张学强和陈骞是高中同学，高考的成绩也不相上下，他们同时考入了某大学，但就在收到录取通知书的同时，张学强的母亲突患急症而入院急救，经查诊为脑出血，因抢救及时而无生命危险，但却从此成了植物人。这无疑给那个本不宽裕的家庭造成了重创，望着白发愁眉的老父和躺在特护间里的老母，张学强决定放弃学业，以帮老父维持这个家的生计。为了偿还给母亲治病欠的债，他决定出去打工。

　　在建筑工地上，张学强起初是个苦力工，由于有些文化底子，经理有意要张学强到后勤去搞搞预算什么的，但后勤是固定工资，收入稳定但不高，张学强就请经理给安排在一线赚钱多点的岗位。在工作期间，张学强边干边学，不耻下问，很勤快，对任何不懂的东西都向有关的师傅请教。在实践中的虚心学习，使张学强在一年多的时间里掌握了几种主要建筑工程必备的技术。但这只是实际操作知识，张学强又利用那点有限的休息时间，购置了些建筑设计、识图、间架结构等有关书籍资料，开始在蚊子叮灯光暗的工棚里学习。

　　偶尔与陈骞通信，他在信里给张学强描述大学的生活多么丰富多彩，信上说，大学里可以去外面玩、进舞厅，同学们可以到校外去聚餐、野游。张学强写信说自己打工的条件很苦，没有机会上大学了，劝陈骞要珍惜那里优越的学习机会和条件。陈骞回信说在大学里学习一点都不紧张，学的只要别太差，一样会拿到毕业证的。

第二年，张学强基本掌握了基建的各种操作技术和原理，渐渐由技术员提升为副经理。由于张学强的好学肯干精神以及扎实的功底，公司试着给张学强一些小项目让其去施工。由于措施得当和管理到位，张学强的每个项目都完成得非常出色，在这期间，张学强仍没放弃学习，自修了哈佛管理学中的系列教程，还选学了一些和建筑有关的学科，准备参加自考，完善自我。

第三年，公司成立分公司，在竞选经理时，张学强以优秀的成绩竞选成功，他准备在这个行业中大展宏图、建功立业。

同年六月，上大学的陈骞毕业了，由于平时学习不刻苦，有几科考得很不理想，勉强拿到毕业证，因此在很多用人单位选聘时都落选，只有一家小公司看中他，决定试用半年。由于刚毕业且在实习期，工资和待遇不高，以及工作条件不理想，陈骞很恼火。由于他学习成绩不佳，且在工作中态度不端正，双方均不满意，只好握手言别，陈骞失业了。

此时的张学强已是拥有近千人的工程公司的经理，仍在远程教育网上进修和业务相关的课程。陈骞到张学强这说自己要给他做个助手。张学强说："来是可以，我这里同样也只问效益和贡献，没有朋友和照顾，只要你拿得出真才实学，到哪都会得到承认。光靠朋友和照顾，那是对你以及我公司的失职，那永远是靠不住的。"

【优秀男孩应该懂的道理】

学习能力从某种意义上来说就是竞争力。一个人只有具备比别人更快、更好的学习能力，才会在竞争中脱颖而出，战胜对手。

成功的人有千万，但成功的道路却只有一条——学习，勤奋地学习。有句话说得好：学习者不一定是成功者，但成功者一定是学习者。学习能力是你成功的助推剂。人生在于学习，而人的价值在于创造和贡献。学习可以增强人的能力，加强人的创造事业力量，所以我们必须不断地学习才能使自己的生活过得更好。

如今社会竞争日趋激烈，生活情形日益复杂，所以你必须具备充分的学识，接受充分的教育训练，来应对社会生活的变化。如果你满足现状，不思进取，那么，你就不能使自己的命运向更好的方向发展。在当今社会中，任何人都不能满足现状，只有勤奋努力，才能适应社会生活，实现人生目标。

读书使人进步

生活中没有书籍，就像没有阳光；智慧中没有书籍，就像鸟儿没有翅膀。

——莎士比亚

威廉·奥斯罗爵士是当代最伟大的内科医生之一。当今很多显赫有名的医生都曾是他的门生。几乎所有目前行医的医生都是他的医科教科书培养出来的。

人们认为，他的杰出成就不单单是由于他有着渊博的医学知识和深刻的洞察力，还因为他具有丰富的一般知识。他是一位很有文化素养的人。他对人类历代的成就和思想成果很感兴趣。他很清楚要了解人类最杰出成就的唯一方法是读前人写下的东西。但是，奥斯罗有着一般人都有的困难，而且困难要更大。他不仅是工作繁忙的内科医生，在医学院任教，同时还是医学研究专家。除了吃饭、睡觉、上厕所的几个小时以外，他一天二十四个小时中所有其他时间都理所当然地被上述三项工作占去了。

奥斯罗很早就想出了解决这个问题的办法。他把每天睡觉前十五分钟用来读书。如果就寝时间定为晚上十一点，他就从十一点读到十一点十五分。如果研究工作进行到两点，那么，他就从两点读到两点十五分。他一旦规定这么做，在整个一生中就再不破例。有证据说明，在一段时间之后，他如果不读上十五分钟书就简直无法入睡。

在奥斯罗的一生中，他读了数量相当可观的书籍。半个世纪，每日阅读十五分钟，算算看，这总共是多少本书。试想，在一个人一生中，这可能培养多么广泛的兴趣，可能涉及多么丰富的学科啊！除医学专业以外，奥斯罗涉猎范围十分广阔。由于他养成了每天阅读十五分钟的习惯，他得以在专业之外，发展了他的业余专长。

【优秀男孩应该懂的道理】————————————————————

阅读是人类进步的最好途径。每天抽出一点时间来读书，将为你今后的工作、生活带来极大的丰收。

阅读是一种改变精神品质的生活，对一个人一生的发展非常重要，它不仅使人知识广博，更重要的是它能陶冶人的情操，使人的精神内涵更加丰富。阅读是获得知识的主要渠道，80%的知识是通过阅读获取的，所以，培养阅读的习惯很重要。阅读是一种终身教育的好方法。

在当今信息时代，知识的更新频率越来越快，阅读是人了解社会的重要方式，也是人认识社会和自然界的重要方式！阅读好书就像跟历代名贤圣哲促膝长谈一样，他们高尚的节操会对我们产生潜移默化的影响，所以大量阅读是完善自我的必由之路。一个好读者能够感觉到读书时妙不可言的乐趣。因而他喜欢读书，最终即使不能成为伟大的人，也能成为博学的人。

改变命运的拿破仑

知识有如人体血液一样的宝贵。人缺少了血液，身体就要衰弱，人缺少了知识，头脑就要枯竭。

——高士其

拿破仑出身于穷困的科西嘉没落贵族家庭，他父亲送他进了一个贵族学校。他的同学都很富有，大肆讽刺他的穷苦。拿破仑非常愤怒，却一筹莫展，屈服在威势之下。就这样他忍受了足足五年，但是这五年中的每一次嘲笑，每一次欺侮，每一次轻视，都使他暗暗下定决心，发誓要让那些人看看他确实是高于他们的。

但是光有决心还不够，还必须拿出实际行动。为此拿破仑心里暗暗计划，决定利用这些没有头脑却傲慢的人作为桥梁，使自己获得财富、名誉和地位。

在他16岁当少尉的那年，他遭受了另外一个打击，那就是他父亲的去世。在那以后，他不得不从很少的薪金中省出一部分来帮助母亲。当他接受第一次军事征召时，必须步行非常长的距离去加入部队。

等他到了部队里时，看见他的同伴和在学校里的同学一样，他们用多余的时间追求女人和赌博。在部队里，他那不受人喜欢的体格使他没有资格得到本该得到的职位，同时，他的贫困也使他失掉了后来争取到的职位。于是，他改变方针，用埋头读书的方法去努力和他们竞争。读书和呼吸一样是自由的，因为他可以不花钱在图书馆里借书读，这使他有了很大的收获。

他并不是读没有意义的书，也不是专以读书来排遣自己的烦闷，而是为自己的理想做准备。他下定决心要让全天下的人知道他的才华。因此，他在选择图书时，也就以这种决心来控制范围。他住在一个既小又闷的房间内，在这里，他脸无血色，孤寂、沉闷，但是他却不停地读下去。就在这样的条件下，拿破仑凭着坚持不懈的恒心，认真地读了几年书。

通过几年的刻苦攻读，他从书本上所摘抄下来的记录，经后来印刷出来的就有四百多页。他想象自己是一个总司令，将科西嘉岛的地图画出来，运用数学的方法精确地计算出哪些地方应当布置防范。这使他第一次有机会表现他自己的才华。

他的长官看见拿破仑的学问很好，便派他在操练场上执行一些有极强的计算能力的工作。他的工作做得很好，于是他获得了新的机会，拿破仑开始走上有权势的道路了。

后来，一切的情形都改变了。从前嘲笑他的人，现在都拥到他面前来，想分享一点他得到的奖励金；从前轻视他的人，现在都希望成为他的朋友；从前说他是一个矮小、无用、死用功的人，现在也都改为尊重他。他们都变成了他的忠心拥戴者。

【优秀男孩应该懂的道理】

知识就是力量，是彻底改变个人命运的第一推动力。在当今知识经济时代中，谁拥有知识、才华就等于把握住了自己命运的咽喉；相反地，谁的知识一穷二白则只能受别人主宰。总之一句话，知识改变命运。

当今社会的人才竞争，说到底是知识的竞争，学习能力的竞争。学历代表过去，只有学习能力才能代表未来。随着时代的发展，竞争程度日趋激烈，竞争已成为促进社会变化与发展的基础，成为人类生存的必然，你能否适应那就看你的学习能力和力度了。

能力训练营：培养学习能力的方法和技巧

1.掌握学习方法

科目学习是复杂的脑力劳动，有各自的规律，但其学习过程都可归纳成以下八个环节：制订计划，课前预习，上课专心听讲，课后及时复习，独立完成作业，及时解决疑难，注意系统小结，增强课外学习等。

2.善于动脑

当我们面临问题时，我们要动脑筋，脑筋是越用越活的，而且在我们自己独立解决某个问题后，我们会信心大增，学习能力也变得更强。

3.有效地管理时间

时间就是生命，时间就是效率，时间就是资源。要培养自己的学习能力，就必须学会科学管理时间。时间管理要注意避免以下几点：①没有学习计划，不知道干什么；②即使做出了计划，有了目标，却犹豫不决；③对某次任务不是一次完成，而是花了很多次完成；④拖延，就是把应该做的今天的事情留到明天做；⑤逃避，找各种办法来逃避学习；⑥中断，就是中断学习计划，中断对目标的追求。

4.虚心向他人求教

当我们遇到问题时，我们实在自己无法解决时，我们需要求助他人，但是一定要在自己动脑筋后去求助，这样我们才会记得牢，以后处理类似问题就有能力了，这是培养学习能力的一个重要方面。

社交的能力——
提高人际交往能力，做个社交达人

学会与人交往

大丈夫处世，当交四海英雄。

——陈寿

　　著名的少年大学生魏永康，1983年出生在湖南省湘潭市。他很小的时候就表现出过人的天赋，2岁就掌握了1000多个字，小学只上了二年级和六年级，其余的都直接跳过了。1991年，8岁的魏永康跳级到了县属重点中学。13岁时，他以高分考进湘潭大学物理系，成为当地公认的"神童"。17岁时，魏永康又以优异的成绩考上了中国科学院高能物理研究所，取得了令人羡慕的硕博连读资格。

　　然而没想到的是，在读了三年研究生之后，在魏永康20岁的时候，他的父母突然接到学校的通知："魏永康同学因为不适应在校期间的学习，学校建议其退学。"

　　那么，这位天才少年的身上到底发生了什么事情？

原来，魏永康虽然有着超群的智力，但性格过于孤僻，只会看书算题，不懂得如何跟周围的人交流，对学校里发生的事情一概不知。有一次，系里临时通知更改一门英语课的考试时间，发出的通知贴在学校的布告栏上。以前系里有人专门通知魏永康教务上的事情，但是这次那个人有事出差了，于是他错过了考试。

不仅如此，魏永康平时总是一个人躲在宿舍里看书，不和舍友交流，也不和老师沟通。大家都不知道他心里想什么，而他自己也很压抑。他说："其实我也很想和别人沟通，但是我不知道怎么去做，我很孤独，可是没有人倾诉。"

魏永康上大学的四年，是由妈妈陪着读完的，什么事情都由妈妈安排好，妈妈是他唯一的交往和倾诉对象。而考上研究生，独立生活之后，他不会和别人交往，也不会从交往中学到新的知识，毫无独立生活能力，最终不得不退学。

【优秀男孩应该懂的道理】 ....

交往是人的需要，也是社会对人的要求。良好的人际交往能力以及良好的人际关系是人们生存和发展的基础。通过交往，人们能够互相交流信息和感情，协调彼此之间的关系，达到共同活动的目的。如果我们不会与人交往，就无法融入社会，甚至会被社会淘汰。

交往是男孩适应社会、进入社会的一个重要途径。男孩只有在与同伴、成人的友好交往过程中，才能尽早学会在平等的基础上协调各种关系，正确地认识和评价自己，形成积极向上的情感。

学会交往，对男孩来说有百利而无一害。善于与他人交往的男孩在学校，不仅能够从容地与同龄人交往，而且能够从容地与老师等成人交往。而男孩是否善于同别人打交道，在人群中人缘如何，对他以后的学习和人生的发展有很大的影响。因此，男孩要具备与人交往的能力。

倾听公主的心事

要做一个善于辞令的人，只有一种办法，就是学会听人家说话。

——莫里斯

有一位国王，他只有一个女儿，自小就被视为掌上明珠。那公主成年后，长得貌美如花，而且琴棋书画、歌舞辞赋样样皆能，是国中有名的美女和才女。

有一段时间，公主经常显得有些郁郁寡欢，整天都愁眉不展。国王问她什么事，她只是低头不语，这使国王大惑不解，于是问身边的大臣。有位细心的大臣对国王说："公主年纪也不小了，该为她选一位夫婿。"国王听了恍然大悟，立即向全国公布了公主要招亲的消息，只要是尚未娶妻的男子，能博得公主的欢心，都可以成为国王的乘龙快婿。

消息传开，引起轰动。第一位上门的是全国最富有的男子，一见面就向公主吹嘘自己富可敌国，日后有享不尽的荣华富贵。公主听了那男子的陈述，轻轻地摇了摇头。

第二位上门的是全国最英俊的男子，公主还是不满意。

第三位上门的是全国最有才华的男子，他极力向公主炫耀才学，古今中外、天文地理、风土人情、琴棋书画，无所不谈。公主还是摇头。

以后又有无数男子去应征，都被拒绝。正当人们疑惑不解的时候，公主说她已选中了如意郎君。但那男子无论是哪一方面都极其普通，看不出有什么过人之处。那些失败者忍不住问那男子是如何博得公主欢心的。那男子笑笑说："我只不过是认真倾听公主说她的心事，然后在适当的时候安慰她几句罢了。"

【优秀男孩应该懂的道理】

倾听是人际交往中一项很重要的制胜法宝。一个在人群中滔滔不绝的人或许很容易得到大家的尊敬和钦佩，可是一个懂得倾听并善于鼓励别人的人，能更容易得到他人的好感和信任。

人们都喜欢善于倾听的人，倾听是使人受欢迎的基本技巧。人们被倾听的需要，远远大于倾听别人的需要。倾听是心与心的交流。只有善于倾听的人，才会赢得很多的朋友。许多人之所以不能给人留下良好的印象，正是因为他们不能耐心地做一个很好的听众。所以，如果要别人喜欢你，原则是首先做个好听众。

两位伟大人物的幽默对话

在我的成长过程中，幽默是生活中的七彩阳光，没有它，就没有我五彩缤纷的童年，也没有我充满欢声笑语、幸福无限的家庭。

——克瑞格·威尔森

1943年，在第二次世界大战即将结束之际，中国、英国和美国三国政府首脑在埃及开罗召开国际会议。一天，美国总统罗斯福因有急事找英国首相丘吉尔商量，便在未预约的情况下驱车前往丘吉尔的临时行馆。

开罗干燥又闷热的天气让久居寒冷潮湿的英国的丘吉尔非常不适应，尤其是白天，气温高达四十摄氏度以上，这让丘吉尔更加难以忍受。因此，为了消暑，在整个白天的时光里，丘吉尔都把自己泡在放满冷水的浴缸中。

罗斯福抵达行馆之后，未经丘吉尔侍卫的禀报就直接闯进了大厅，但是进入大厅后他并未见到丘吉尔，倒是耳边传来了丘吉尔的歌声。于是，罗斯福顺着歌声找了过去，撞见了躺在浴缸中一丝不挂的丘吉尔。

两国元首在这种场合下见面确实颇为尴尬，为了缓和气氛，罗斯福马上开口道:"我有急事找你商谈,这下可好了,我们这次真的能够坦诚相见了。"

丘吉尔显得非常镇定,他在浴缸中泰然自若地说:"总统先生,在这样的情形下,你应该可以相信,我对你真的是毫无隐瞒的。"

两位伟大人物的幽默对话,不仅轻松地化解了人际关系危机,还被传为了美谈。

【优秀男孩应该懂的道理】

幽默是一种高超的语言艺术,幽默不仅能够帮助我们与他人沟通与交往,还能帮助我们处理一些人与人之间的摩擦,并使我们顺利地渡过难关、解决难题。因此,我们要学会用幽默解决问题。

幽默并不是成人的专利,孩子也有幽默的天赋。孩子的幽默性格一旦形成,对其一生都将产生重要的影响。具有幽默感的孩子大多开朗活泼,往往更讨老师的喜欢,人际关系也比不具幽默感的孩子好得多。幽默还能帮助孩子更好地应对生活和学习中的压力和痛苦,因而幽默的孩子往往比较快活、聪明,能较轻松地完成学业,甚至拥有一个愉悦的人生。既然幽默对我们有这么多好处,那么从现在开始,我们也要做一个幽默的男孩。

能力训练营:培养社交能力的方法和技巧

1.增强自信

在交往中,自信很重要,我们要相信自己,放开心情,以平常心处事,让自己乐观一点。特别是刚到一个新的环境还需要适应的过程,在这段过程中,我们可以认识新的朋友,建立新友谊,不要怕害羞,即使说错话,真心和对方做朋友,对方也是乐意接受的。万事开头难,请你不用害怕,大胆一点吧!

2.参加各种体育活动

体育是一种直接与人正面接触和竞争的群体活动，它总是要有两个以上的人参与才有意义。经常参加各种体育活动，既有利于提高身体素质，也有利于提高交际能力。你一旦爱上体育，就会主动寻找对手，这种寻找，就是交际。合适的对手，往往就是友谊的伙伴。

3.讲究文明礼貌

文质彬彬，然后君子。一个人只有从外表到本质都文雅有礼，才能成为一个受人尊敬的文明的人。文明礼貌包括仪容整洁、举止得体、用语文明、待人有礼等基本内容，其本质是对人的尊重。人际交往的过程中，只有形成尊重与被尊重的默契与和谐，才可能让交际顺利进行和持续发展。

4.掌握社交技巧

掌握一定的社交技巧有助于提高自己的处世能力。人与人之间的交往不是随心所欲的，而是有一定目的并运用一定方法进行交往的。交往方法越好，人际关系越容易维持紧密。建议你多读一些待人接物方面的书籍，有助于你理性地理解社会，为走上更广阔的人生之路做好准备。

5.有意识地独自做客待客

独自到同学或邻居家去串门，到亲戚家去做客，这都是锻炼我们交际能力的机会。串门做客需要寒暄和问候，也需要交谈和有关礼物的收送。

独立的能力——
只有独立，才能赢得世界

总统的教子观念

　　成年男女的第一任务，就是宣布自主。一个拥护父亲权威的男人，不能算男人；拥护自己母亲权威的女人，是没有为自由民族生育新国民的资格的。

——萧伯纳

　　罗斯福是美国历史上唯一连任四届的总统。他不仅治国有略，而且教子有方，四个儿子在"二战"时均浴血奋战，建立功绩，"二战"后又都跻身于美国政坛。

　　"对儿子，我不是总统，只是父亲。"罗斯福的这句话曾在美国人心中产生过不小的震撼，这也是他一贯遵循的教子原则。

　　他十分注重培养孩子们的独立人格，甚至在思想上也应该是独立的。当"二战"愈加激烈时，二儿子埃利奥特问父亲他该怎么办。父亲说："要我告诉你该怎么做，那你应该首先认清我是一个怎样的父亲。你们的事是你们自己的事，我从不干预。"不久埃利奥特便放弃刚开起的公司，轻松地走进了陆军部的大门，在四兄弟中带头参了军。

罗斯福还竭力反对孩子们依赖父母过寄生生活。他不给儿子们任何资助，让他们凭自己的能力去开辟事业，赚自己该赚的那份钱。在钱财的支配上，他绝不让孩子放任自流。大儿子詹姆斯20岁时独自去欧洲旅行，临归前看到一匹好马，便用手中的余款买下了这匹马，然后打电报给父亲，让他汇旅费来。父亲回一个电话："你和你的马游泳回来吧！"碰了这个钉子，詹姆斯不得不卖掉马，买了票回家，从此他懂得了不能随便无计划地乱花钱。

而更让世人为之钦佩的是罗斯福身为总统，却从不庇荫孩子，让孩子们享有特权。"二战"时，他把四个儿子都送上了前线，并严正告诫他们：拿出良心来，为美国而战！

【优秀男孩应该懂的道理】

在成长的过程中，有一样东西是必不可少的，那就是独立。只有独立才有可能让我们成长得更好，只有独立才有可能让我们生存下去。

人只要活着的，他的前途就永远取决于自己，成功与失败，都只系于自己身上。将希望寄托于他人的帮助，便会形成惰性，失去独立思考和行动的能力。将希望寄托于某种强大的外力上，意志力就会被无情地吞噬掉。

人生的成长之路，我们必须学会独立。依赖的心理容易让我们成长为温室里的花朵，经不起风吹雨打，在逆境中，我们很容易就被打倒。真实人生的风风雨雨，只有靠自己去体会、去感受，任何人都不能为我们提供永远的庇荫。我们应该掌握前进的方向，把握住目标，让目标似灯塔般在高远处闪光。我们应该独立思考，有自己的主见，懂得自己解决问题。因为独立是我们走向社会、立足社会的关键。

求人不如求自己

> 滴自己的汗，吃自己的饭，自己的事自己干，靠人，靠天，靠祖上，不算是英雄好汉。
>
> ——陶行知

拿破仑时期，德国国王向法兰西帝国的军队屈膝投降，并承诺每年都向拿破仑进贡。这样沉重的经济负担转嫁到老百姓身上，普通百姓的生活贫困不堪，他们更对政府的屈膝投降非常不满。

一天，德国国王带着随从们到汉堡一个很有名的教堂去游玩，神父阿兰诺跟随着他。国王在正殿里看到真主耶稣时马上恭恭敬敬地画十字，嘴里还念念有词，大概是说些希望主保佑之类的话。突然他发现耶稣的手也画成十字架的样子，觉得很奇怪。画十字是基督教教徒表达对主崇敬信仰的一种方式，而主怎么……国王问阿兰诺："耶稣就是主了，他也画十字吗？"阿兰诺回答道："怎么不画，他时时都在画呢。"国王觉得不可理解，又问："我们画十字是企求主保佑，他画十字念什么呢？"阿兰诺答道："他念'无处不在救苦救难的主'。"国王一听哈哈大笑，说："哪有自己念自己的道理呢？"阿兰诺说："这就叫'靠人不如靠己'呀。"国王一听就明白了，阿兰诺是在拐弯抹角地劝说自己，不要依附于强大的法兰西帝国，应该依靠自己的力量奋发图强啊。

【优秀男孩应该懂的道理】

上帝的力量是强大的，但上帝告诉我们，自己才是最强大的，靠人不如靠己，求人不如求己。一个人要想在社会上站稳脚跟，就必须以自立自强为核心，培养自我独立的精神。

人，真正能依靠的只能是自己，只有用自己的力量克服困难、锻炼了顽强的意志，才能到达成功的彼岸。这既是人成熟的标志，也是每个成功者所具有的品质。寻求别人的帮助，解决问题固然可以轻松一些，可这毕竟不是长久之计，因为别人可能帮你一时，但帮不了你一世。人，真正能依靠的只能是自己。

命运由自己去把握，而不是由谁去安排你的命运，只有你自己才是你人生的主人。过分依赖别人的人，不会有大的成就。与其一味地把希望寄托在别人身上，不如积极地行动起来，创造条件改变自己的命运，要知道自己的命运并不掌握在别人手里。所以，如果你想做一名优秀的男子汉，就必须具备自立自强的人格，遇到困难时必须靠自己解决，而不是一味求父母帮你解决问题。

李嘉诚的两个儿子

该让每个人竭力保持自己的独立性，不依赖任何人，无论他怎样爱这个人，怎样相信他。

——车尔尼雪夫斯基

"您有两个儿子，我也有两个。您是怎么管理他们的？"在长江商学院组织的30多位内地企业家拜会李嘉诚的活动上，鼎天资产管理有限公司董事长王兵这样向李嘉诚发问。李嘉诚的回答是："应该让孩子吃些苦，让他们知道穷人是怎么生活的。"

李嘉诚坚持认为，教育孩子应该培养他们独立的意志品格，不能溺爱、娇生惯养，这与有多少家财没有关系。

所以当李泽钜、李泽楷两兄弟去美国斯坦福读书期间，李嘉诚只给他们最基本的生活费。有谁能想到，现在人称"小巨人"的李泽楷当年还曾经在麦当劳卖过汉堡，在高尔夫球场做过球童，甚至背高尔夫球棒时曾弄伤了肩胛骨，直至现在伤患还会时常发作。

李嘉诚为了让儿子从小就明白，做任何事情都不是那么简单，做生意需要不停地召开会议，依靠很多人的帮助。所以，他很早就让两个儿子旁听公司的董事会。

他认为富家子弟就好像温室的花朵，根基不稳，经不起风吹。李嘉诚将自己的艰难创业比喻成在岩石夹缝中生长壮大的小树。他说，根基不稳的植物，在外界的压力下，不易存活，而夹缝中的小树，却能傲立风霜而不倒。因此，他绝不放纵自己的两个儿子，他希望，儿子能够自强自立，独立面对打击，面对困境。

【优秀男孩应该懂的道理】

独立是自我生存的意识和能力。在人生的道路上，总有许多意料之外的困苦艰难纷至沓来，但并非每次都会有援手为你挡去风雨，也许年少时我们可以依靠父母、师长顺利走过一些道路，然而借他人之力不可能走完所有道路，所以培养独立的能力尤为重要。唯有学会独立自主地面对挑战，你才能攻坚克难。

古人有句话"男儿当自强"，男孩只有具备了自强自立的意识和能力，才能比较容易地适应社会，摆脱逆境，把握机遇，发展自己。在人生的路途上，我们必须自立自强，通过自己的脚踏实地，自己的辛勤，大胆地向命运发起挑战，使自己不断走向成功，翱翔于属于自己的蓝天！

自己的问题自己解决

人最终要独立地走向社会，就必须拥有自主独立的能力。因此从小就要培养自我意识，培养自主、自立、自强的精神，认知和实践能力。自我发展本身也是个人对自身的一种反思。正是从这种反思中人才不断地找到自我，超越自我，实现自我。

——罗伯特·汤森

美国一位著名的黑人政治领袖，曾经讲述过自己10岁时发生的一件事：

那时候，孟菲斯的社会治安比现在乱得多，我所居住的社区时常发生抢劫。所以，放学后我总是很快回家，不敢在街道上逗留。然而，那天晚上母亲对我说："马克，你今后必须学会自己到便利店买东西。"她领着我到街道另一头的便利店走了一趟，让我记住路怎么走。

第二天傍晚，母亲让我去便利店买点东西，我出门前她特意嘱咐道："马克，我知道最近的治安不太好，但你已经是一个男子汉了，要学会独立出门办事了。不管遇到什么情况，你都要记住：自己的麻烦只能靠自己解决！"

我忐忑不安地走出家门，小心翼翼地走到街道上，快到便利店时，忽然从旁边胡同蹿出来一伙小流氓，他们把我拽进胡同。看起来，他们跟我同龄，大约有五个人，两个人揪住我的衣领把我按在墙上，其他人二话没说就从我兜里翻出所有钱，然后把我一脚踢在地上，迅速跑开。我傻坐在地上，半晌才缓过神，起身摸着摔疼的屁股，跑了回家。

当我把发生的一切告诉了母亲时，母亲似乎没有任何表示，只是又给我写了一张买东西的清单，给了我更多的钱，让我继续去便利店买东西。我小心翼翼地走上大街，一眼就瞧见那帮小痞子在路边闲逛，我便掉头回到家，跟母亲说自己死活也不去便利店了。

"马克，我要你自己去对付那些人！"母亲罕见地对我咆哮道，"他们不是职业流氓，只是欺软怕硬的小混混，如果你不去反抗，就会一直被他们欺负，明白吗？马克，做个真正的男子汉吧，不管结果怎样，妈妈始终为你骄傲！"母亲的这番话又激起了我的勇气，我抱着视死如归的念头走出家门——结果他们又一次狠揍了我，不仅抢走了所有的钱，还把我的衣服给扯破了。

当我一路哭泣着跑回家时，更惨的情况出现了：妈妈竟然无情地把我关在门外，她隔着门对我说："马克，你做得很好，至少能够勇敢地去面对他们了！但这次妈妈给你更高的要求，要你能够战胜他们，维护自己的尊严和利益！"她再次给我一张购物清单、一根粗木棒和更多的钱，嘱咐我一定要到便利店把东西买回来，随后关上门，任凭我怎样敲打也不开。最后，我放弃了敲门的努力，一身的怨气和委屈化为愤怒的力量，心想："这次豁出去，跟那些小混混拼了！"

随后，我像疯子一样冲出去，直奔那些小混混而去，他们一开始还嬉皮笑脸地围上来，但还快就被我愤怒的吼声吓呆了。我抡起木棒，认准了小混混的头目，把所有的怨恨和愤怒全部打在那小子身上。我明白，只要我停住一秒钟，其他人就会缓过劲来攻击我，所以我一个个地把他们击倒、打跑。最后，其他小喽啰抱头鼠窜、四散跑开，只有那个小头目趴在地上。我上前一把揪住他的衣领，大声吼道："记住我，我叫马克！以后再敢惹我，我会把你的脑袋打爆！"他瞪大眼睛，点点头，似乎不相信我就是刚才那个任他们肆意欺侮的小子。

当我从便利店买完东西回来后，手里仍然紧握木棒，准备再次用它保护自己，结果我发现大街上空无一人，一股前所未有的荣誉感涌上心头：我发现自己一下子长大了。

回到家后，母亲一边给我包扎脸上的伤，一边以欣赏的眼神看着我说："马克，还记得我告诉你的话吗？"

我骄傲地重复道："自己的麻烦，要靠自己去解决！我今天做到了，妈妈，以后我也要这样去做！"

【优秀男孩应该懂的道理】

自己的麻烦自己解决，这是引导我们走向独立的第一步。父母不可能包办我们的一生。我们的将来，包括学习、工作以及事业的成功，都要靠自己去闯、去努力、去奋斗。而这一切，没有自立自强的意识和精神，是很难取得满意的结果的。

既然人生的路只能依靠自己来完成，我们就必须练就一身闯荡江湖的硬本领，绝不能心存侥幸、懈怠和投机取巧的心理，像那些一味依赖别人、寄希望于所谓运气的人，命运之神终将让他一无所获。一味依靠别人，你只能成为别人手中的拐棍，命运没有掌握在自己的手中，这是多么可悲！

自己的路得自己走，自己的问题得自己去解决，用自己的双脚才能走向属于自己的远方。在生活中，我们总会遇到各种各样的困难，想做一名优秀的男子汉，就必须具备自立自强的人格，遇到困难时必须靠自己去摆平，而不是一味让父母帮你解决问题。男孩应该明白，独立既是生存的需要，也是成长中的必然一课。

能力训练营：培养独立能力的方法和技巧

1. 做力所能及的事情

父母不可能照顾我们一辈子，因此我们从小就应该学做一些力所能及的事情，比如洗衣服、收拾文具、帮父母拖地洗碗等。只有从小事做起，我们才能逐渐培养起独立自主的能力。

2.有责任意识

责任感就是自觉地把自己的事做好的情感。一个人的责任感强烈与否，很大程度上决定着他的独立生活能力的形成。只有树立强烈的社会责任感，一个人才能敢于面对生活的挑战，独立地承担责任，并很好地生活、生存下去。

3.独立思考

独立思考问题，是独立解决实际问题的前提条件。一个人如果不善于独立思考问题，那么他面对许多新问题将一筹莫展、束手无策。独立生活要求我们要善于独立地思考问题。独立思考并不等于刚愎自用，而是要善于对问题做出分析，做出正确的判断和选择。

4.坚强的意志

生活不可能是一帆风顺的，因此，我们要培养顽强拼搏的精神，遇到困难始终不低头、不气馁，而是百折不挠，不达目的誓不罢休。顽强拼搏、不怕困难是独立生活能力形成的基础条件，如果缺乏这样的精神，独立生活能力将难以培养形成，要想成就的事业会半途而废。

创新的能力——
思路决定出路，创新成就梦想

跳出思维定式

对于创新来说，方法就是新的世界，最重要的不是知识，而是思路。

——郎加明

为满足市场需要，日本一家公司的科技人员开始设计一种新的小型自动聚焦相机。所谓自动聚焦，就是相机要根据拍摄的对象，自动测量距离，然后镜头作相应的调整，自动定好焦距。设计这种相机有几个必须达到的基本要求：小巧轻便，容易操作，而且要成本低廉。

按照当时的技术水平和条件，在相机里装进电动机以后，体积就小不了，重量就轻不了，成本就很难降下来。如果要为它再去特别设计一种专用的超小型电动机，时间又很难保证。

设计人员为此大伤脑筋，想了很多办法都不通，设计工作长时间裹足不前。后来一个不是学电机专业的技术人员想道：自动聚焦需要的动力很小，而且距离很短，不用电动机，用弹簧行不行呢？这个突破了"必须用电动机驱动"这"一

160

定之规"的新设想提出以后，设计人员们沿着新的思路不断进行探索和试验，没过多久，就相继设计制成了一种又一种小型和超小型的自动聚焦相机。对这种给人们带来了很大方便，连傻瓜也能使用的"傻瓜相机"，科技界给予了很高的评价，认为它代表了产品开发的一个新的重要方向——傻瓜化，即"功能简单化"、"易操作化"，同时也是"高智能化"、"高科技化"。

【优秀男孩应该懂的道理】

　　人的思维容易受原有知识、经验的束缚，有时被知识和经验淹没，形式思维定式。这种思维定式会使思维按照固有的路径展开。常言道："不识庐山真面目，只缘身在此山中""当事者迷，旁观者清"。我们的思维长期局限在一个狭小的环境中，是容易僵化的。这个道理谁都知道，但真正做到的却不多。一个人只有不受死板的观念所约束，才能产生新创意，进而创造新事业。

　　现实生活中，我们之所以常常在很简单的事情上跌倒，究其原因不是我们不聪明，而是我们没有用心去思考、去探究，喜欢凭自己的经验去思考问题、解决问题。或者说这都是经验主义所形成的思维定式惹的祸。所以，一个人要进步，必须学会创新，冲破原有的经验所形成的思维定式。

尚未凝固的水泥路面

　　中国留学生学习成绩往往比一起学习的美国学生好得多，然而十年以后，科研成果却比人家少得多，原因就在于美国学生思维活跃，动手能力和创造精神强。

——杨振宁

　　1899年，大科学家爱因斯坦就读于瑞士苏黎世联邦工业大学，著名数学家明可夫斯基是他的导师。爱因斯坦肯动脑、爱思考的好习惯赢得了导师明可夫斯基的赏识。于是，师徒二人经常坐在一起探讨科学、哲学和人生。

有一次，爱因斯坦在和导师一起讨论科学问题时突发奇想，他就问明可夫斯基："一个人，比如我吧，究竟怎样才能在科学领域、在人生道路上，留下自己的闪光足迹，做出自己的杰出贡献呢？"

明可夫斯基平时一向才思敏捷，但这次却被学生给问住了，他思考了很长时间，都没有找到答案。直到第四天，明可夫斯基才兴冲冲地找到爱因斯坦，他非常兴奋地说："你那天提的问题，我现在终于有了答案！"

"老师，快告诉我是什么？"爱因斯坦迫不及待地抱住老师的胳膊。导师明可夫斯基也比较激动，怎么也说不明白，还手脚并用地比画了一阵。当然，爱因斯坦也没有明白老师的意思。于是，明可夫斯基拉起爱因斯坦就朝一处建筑工地奔去，而且径直踏上了建筑工人刚刚铺平的水泥地面。

爱因斯坦被建筑工人们的呵斥声弄得一头雾水，他非常不解地问明可夫斯基："老师，您这不是领我误入歧途吗？"而明可夫斯基却全然不顾建筑工人的指责，非常专注地对爱因斯坦说："对、对，就是'歧途'！你看到了吧？只有这样的'歧途'，才能留下足迹！只有新的领域、只有尚未凝固的地方，才能留下深深的脚印。那些凝固很久的老地面，那些被无数人、无数脚步涉足的地方，你别想再踩出脚印来……"

听到这里，爱因斯坦沉思良久，非常感激地对明可夫斯基说："老师，我明白您的意思了！"从此，一种非常强烈的创新和开拓意识，开始主导着爱因斯坦的思维和行动。他曾经说过这样的话："我从来不记忆和思考词典、手册里的东西，我的脑袋只用来记忆和思考那些还没载入书本的东西。"

很快，爱因斯坦毕业走出校园，进入伯尔尼专利局成为一名默默无闻的小职员。就是在初涉世事的这几年里，爱因斯坦利用业余时间进行科学研究，在物理学三个未知领域里齐头并进，大胆而果断地进行挑战，并最终突破了牛顿力学。

爱因斯坦刚刚26岁时，他就提出并建立了狭义相对论，开创了物理学的新纪元，为人类做出了卓越的贡献，在科学史册上留下了深深的闪光的足迹。爱因斯坦后来回忆说："正是那段尚未凝固的水泥路面，启发了我的创新和探索精神。"

【优秀男孩应该懂的道理】 ....

有思考才会有创新，有创新才会有出路，有出路才会成功。世上每一次伟大的成功，都是先从创新开始的。

创新就是做别人没做过的事，走别人没走过的路，敢于打破思维定式，开辟新领域。创新是一个人成功必备的法宝，而要有所创新，首先要具备一个有创造力的头脑，也就是要有创新的思维。拥有创新思维的人，往往战无不胜，攻无不克。

一道应聘的考题

一些陈旧的、不结合实际的东西，不管那些东西是洋框框，还是土框框，都要大力地把它们打破，大胆地创造新的方法、新的理论，来解决我们的问题。

——李四光

某公司高薪聘请业务经理，吸引了许多有能力、有学问的人前来应聘。在众多应聘者当中，有三个人表现极为突出，一个是博士甲，一个是硕士乙，另一个是刚走出大学校门的毕业生丙。公司最后给这三人出了这样一道考题：

在很久以前，有一个商人出门送货，不巧正赶上下雨天，而且离目的地还有一大段山路要走，商人就去牲口棚挑了一匹马和一头驴上路。路特别难走，驴不堪劳累，就央求马替它驮一些货物，但是马不愿意帮忙，最后驴终于因为体力不支而死。商人只得将驴背上的货物移到马身上，此时，马有点后悔。

又走了一段路程，马实在吃不消背上的重量了，就央求主人替它分担一些货物，此时的主人还在生气："假如你当初替驴分担一点，就不会这么累了，活该！"

过了不久，马也累死在路上，商人只好自己背着货物去买主家。

应聘者需要回答的问题是：商人在途中应该怎样才能让牲口把货物运往目的地？

博士甲：把驴身上的货物减轻一些，让马来驮，这样就都不会被累死。

硕士乙：应该把驴身上的货物卸下一部分让马来背，再卸下一部分自己来背。

毕业生丙：下雨天路很滑，又是山路，所以根本就不应该用驴和马，应该选用能吃苦且有力气的骡子去驮货物。商人根本就没有想过这个问题，所以造成了重大损失。

结果，毕业生丙被公司聘为业务经理。

故事中的博士甲和硕士乙虽然有较高的学历，但是遇事不能仔细思考，最终也以失败告终。毕业生丙虽然没有什么骄人的文凭，但他遇到问题不拘泥原有的思维模式，灵活多变，善于用脑筋，因此他成功了，获得了高薪职位。

【优秀男孩应该懂的道理】

思路决定出路，观念决定前途。不管你做什么，幸运之神都偏爱会思考、有创新精神的人。思考能使人不断进步，创新能使你的事业再上一个巅峰，与众不同的创新个性能使你脱颖而出。

人因为思考而存在。你做出什么样的思考，就有什么样的结果。人的思维空间是无限的，思维的跳动，推动着社会的前行。所以，男孩们要不断培养自己的思维能力，让自己的世界更加开阔，人生更加辉煌。

每天提一条创造性的建议

处处是创造之地，天天是创造之时，人人是创造之人。

——陶行知

美国人奥斯本是个具有很强创造天分的人。1938年，25岁的奥斯本失业了，只有高中文化程度的奥斯本想当个记者。可是，转念再想想，自己没有受过这方面的教育，怎么行呢？

奥斯本是个个性好强的人，他终于去应聘了。

报刊主编问他："在办报方面你有什么修养与经验？"

奥斯本做了实事求是的自我介绍："不过，我写了篇文章。"

主编接过来读罢，摇摇头说："年轻人，你的文章不怎么样，甚至还有不少语法、逻辑与修辞上的毛病……"

听到这里，奥斯本的头"轰"地响起来，但是，他还是虚心地听下去了。

主编又说："可是，有独到的东西，是的，有独到的见解。这很可贵！这个独到的东西是创造，也是我们所需要的。凭这一点，我愿意试用你三个月。"

主编握住了奥斯本的手，临走还叮嘱："好好干吧，小伙子！"

欣喜若狂的奥斯本反复体会主编对他说的话，原来创造性有那么重要。他又反复读自己的文章，像严厉的法官那样解剖自己：知识不够，却充满深思遐想，这大概就是创造性吧？

他模模糊糊地意识到人的价值在于创造，他决心要做一个有创造性的人。他还拟定：自到报社上班之日起，就天天提一条创造性的建议。

整整一个星期日，他研究主编给他的一大沓报纸，又买回其他各种报刊进行比较，于是，众多的构想产生了。

星期一是他第一天上班的日子，刚到报社，他便迫不及待地冲进主编的办公室急匆匆地大声说："主编先生，我有一个想法。"

主编瞪大眼睛看着面前的奥斯本，听他一口气说完"想法"后被镇住了。

原来奥斯本说："看来，广告是报纸的生命线，我们又无法与各大报纸竞争大广告；而小工厂、小商店做不起大广告，他们又急于把自己的产品和商品告诉更多的人，我们何不创造条头广告，收费低廉，以满足这一层的工商业者的需要？"

这就是现在报纸广泛采用的一条一条的分类广告。当主编弄清奥斯本的"想法"后，兴奋地说："好啊！太好了！真是个了不起的想法！"

奥斯本坚持发挥自己"深思遐想"的长处，坚持每天提一条创造性的建议，也即"日有一创"，仅仅两年，这份小报就发展壮大起来，成为一个实力雄厚的报业"托拉斯"，奥斯本也由于获得众多专利，成为拥有巨额股份的副董事长。

【优秀男孩应该懂的道理】

创新不需要天才。创新只在于找出新的改进方法。任何事情的成功，都是因为能找出把事情做得更好的办法。

创新并不是高不可攀的事。提到发明创造，有些人总是觉得神秘，很多人会马上想道："那是专家的事。"实际上，这种想法是十分错误的。因为某某人有发明创造，我们才称之为专家。而不是因为某某是专家，他才会有发明创造。而且，创新有大有小，内容和形式各不相同。创新能力是每个正常人所具有的自然属性与内在潜能的叠加，普通人与天才之间并无不可逾越的鸿沟，我们每一个人都可以通过思考来创新。创新能力与其他能力一样，是可以通过教育、训练而激发出来并在实践中不断得到发展提高的。

创新其实并不难，只能在于你自己。你只要把一种极其普通的事情升华，把平凡的事物变成不平凡的事情，抛弃旧观点建立新理论，这就是真正意义上的创新和成功。

能力训练营：培养创新能力的方法和技巧

1.掌握相关知识

要有创新，首先就要学习，基础知识要广博，专业知识要扎实，尤其在你想要有所创新的领域或学科上，你要成为行家，你才可能在某一点上有所创新发展。

2.敢于质疑

古人云，"学起于思，思源于疑"，疑是一切发现创新的基础。创新能力的培养，要拒绝顺从，敢于质疑。对长者、老师、父母、专家、权威等说的话，提出的理论，采用的方法，我们要有敢于怀疑、善于质疑的勇气，能充分表达直接的意见。

3.保持好奇心

一个人失去好奇心，就不会有创造欲，也不可能产生正确的发现和判断。许多发明和创作并不是事先预料到的，往往是在好奇心的推动下，经过创新性思维得出来的。

4.克服失败的恐惧

担心自己可能会犯错或者担心自己的努力将会失败，这会阻碍你的进步。每当你发现自己有这样的感觉，提醒自己：错误只是过程的一部分。虽然你可能偶尔会在创新的道路上跌倒，但是你最终会达到自己的目标。

5.关注生活

我们都知道，艺术和文学创作都必须源于生活，只有源于生活的东西才是具有生命力的东西，才能为人们所熟知、所接受。其实，创新也是一样，创新的灵感从哪里来，它也必须从生活中来，它不可能凌驾于生活之上，更不可能是梦幻的虚无缥缈的东西。我们只有热爱生活，并关注生活，而且要好好享受生活，这样我们创新的灵感源泉才会永葆青春、永不枯竭，我们的生活也才会日新月异、丰富多彩。

抗挫的能力——
经得起挫折，受得起磨难

没有逃不出的逆境

卓越的人的一大优点是：在不利和艰难的遭遇里百折不挠。

——贝多芬

曾有这样一个孩子，因为疾病导致左脸局部麻痹、嘴角畸形，所以他的长相十分丑陋，说话也不流利，带有口吃，而且还有一只耳朵失聪，但他却从来没有放弃对生活的热爱和渴望。也许，这个孩子注定是一个生活的强者，他比一般的孩子更快地走向成熟，他默默地忍受着别的孩子的嘲笑、讥讽的话语和目光，他自卑，但更有奋发图强的意志，当别的孩子在玩具中打发时间时，他则沉浸在书本中，在他读的书中有很大一部分是名人名著，他却读得津津有味，因为他从中学到了坚强，学到了一种永不放弃的品质。为了矫正自己的口吃，他模仿古代一位有名的演说家，嘴里含着小石子讲话。看着嘴唇和舌头都被石子磨烂的儿子，母亲心疼地流着眼泪说："不要练了，妈妈一辈子陪着你。"懂事的他替妈妈擦着眼泪说："妈妈，书上说，每一只漂亮的蝴蝶，都是自己冲破束缚它的茧之后才变成的，如果别人把茧剪开一道口，由茧变成了的蝴蝶是不美丽的，我要做一只美丽的蝴蝶。"

后来，他能流利地讲话了。因为他的勤奋和善良，中学毕业时，他不仅取得了优异的成绩，还获得了良好的人缘，他周围的人，没有谁会嘲笑他，有的只是对他的敬佩和尊重。

经过不断努力，他变得博学多才、颇有建树。后来，他参加总理竞选，他的对手居心叵测地利用电视广告夸张他的脸部缺陷，然后写上这样的广告词："你要这样的人来当你的总理吗？"但是，这种极不道德的、带有人格侮辱的攻击招致了大部分选民的愤怒和谴责。当他的成长经历被人们知道后，他赢得了极大的同情和尊敬，他说的"我要带领国家和人民成为一只美丽的蝴蝶"的竞选口号，使他高票当选为总理，人们因此亲切地称他为"蝴蝶总理"。他，就是加拿大第一位连任两届、跨世纪的总理——让·克雷蒂安。

【优秀男孩应该懂的道理】

人总是在逆境中不断成长，因为只有在困难中我们才会发现自己身上的瑕疵，从而完善自我。许多人要是没有遇到逆境，他们是不会发现自己真正的强项的。他们若不是遇到极大的挫折，不遇到对他们生命巨大的打击，就不知道怎样焕发自己内部贮藏的力量。

人的生活并非都是一帆风顺的，在我们的生命中总是充满着这样或那样的困难和问题。但是男孩应该明白，在逆境中开放的花是更美的，就像冰山上的雪莲那样纯洁、美丽！面对逆境，沮丧、灰心、绝望地悲叹命运不公都无济于事。在逆境中，我们要保持一颗乐观向上的心，坦然面对失败，从现在开始，凭借自身有的力量，挑战生活，挑战逆境，我们相信，任何困难和艰险都不会阻止我们迈向成功的脚步。只有历经磨难，我们才能到达巅峰，才能看到最美的风景。逆境不可怕，可怕的是我们没有挑战逆境的勇气。只有认真、努力地对待逆境，它才会变成一条蜿蜒的小路，将我们引向成功的殿堂。

我要感谢两棵树

在人生的道路上，谁都会遇到困难和挫折，就看你能不能战胜它。战胜了，你就是英雄，就是生活的强者。

——张海迪

一个年轻人，从小就是人见人爱的孩子。他上学时是三好学生、班干部，初二那年参加全国奥数比赛，获得了一等奖。

不满17岁，他就被保送到一所知名大学深造。然而，命运在他接到录取通知书的那天，给他开了个很大的玩笑：一次过马路时，一辆飞驰而来的车辆无情地夺去了他的双腿和左手。

面对这飞来横祸，他曾沉寂过一段时间。但是很快，他又重新振作起来，以惊人的毅力自学完全部大学课程，后来又创办了自己的公司，成为一家拥有上千万元固定资产的私企老总，并当选为市里的"十大杰出青年"。

有一次记者去采访他，问他如何克服难以想象的惨痛折磨，取得今天的成绩。

完全出乎记者的预料，他最想感谢的既不是给他巨大关爱的父母，也不是一直鼓励和支持他的朋友。面对记者的提问，他的回答是：我要感谢两棵树！

这一场飞来横祸，对于从小心高气傲、自尊心极强的他来说，无疑是世界末日的降临。看着已经残缺不全的躯体，他曾无数次想过自杀，但是一看到母亲那双慈爱的眼睛，他又忍住了。后来，为了让他转移注意力，母亲特意把他送到乡下的姑妈家静养。

在那里，他遇到了决定他生命意义的两棵树。

姑妈家住在一个远离城市的小村子里，宁静、安逸，甚至有些落后。这里没有斑马线，没有红绿灯，没有巨大的广告牌，也没有令人厌烦的喧嚣噪声，是一个乌托邦式的小社会。

他就在姑妈家住了下来，并一住就是半年多，每天除了吃饭、睡觉，没有其他的事可做。他感觉自己的一生都将这样荒废了。

一天下午，姑妈家的人下田的下田，上学的上学，仅他一人在家。百无聊赖的他，自己摇动轮椅走出了那个小小的院落。

就这样，似有冥冥中的安排，他与那两棵树不期而遇。

这是两棵非常奇特的榆树，它们像麻花一样扭曲着枝干，但却顽强地向上挺立着。两棵树之间，连着一根七八米长的粗粗的铁丝，铁丝的两端深深嵌进树干里。活像一只长布袋被拦腰紧紧系了一根绳子，呈现两头粗、中间细的奇怪形状。

这时，一位村民过来告诉他，起初是为了晾晒衣服的方便，七八年前，有人在两棵小榆树之间拉了一根铁丝。时间一长，树干越长越粗，被铁丝缠绕的部分始终冲不出束缚，被勒出了深深一圈伤痕，两棵小树奄奄一息。就在大家都以为这两棵榆树难以成活的时候，没想到第二年一场春雨过后，它们又发出了新芽，而且随着树干逐渐变粗，年复一年，竟生生地将紧箍在自己身上的铁丝"吃"了进去！

突然间，他感觉自己的心犹如被大锤一击。面对外界施加的暴力和厄运，小树尚知抗争，而作为一个人，又有什么理由放弃对生活的努力呢！面对这两棵榆树，他感到羞愧，同时也激起了深藏于内心的那份不甘——只见他用自己仅存的右手，艰难地从坐了半年多的轮椅上撑起整个身体，恭恭敬敬地给那两棵再普通不过，却又再坚强不过的榆树，深深鞠了个躬！

很快，他便主动要求回到城里，拾起了久违的课本还有信心，开始了属于自己的新的生活。

【优秀男孩应该懂的道理】

人，一旦超越了痛苦，痛苦就不再是牵绊，而是一种伟大的力量。苦难，是一把成长的钥匙，让你迅速成长。经历苦难并不是一件坏事，相反它是人生必经的阶段,是人生棋盘中必走的一步。可以说,苦难是一种财富,是一种比幸福更可贵的财富!

孟子曾经说过:"天将降大任于斯人也,必先苦其心志,劳其筋骨,饿其体肤,空乏其身,行拂乱其所为,所以动心忍性,增益其所不能。"虽然说苦难总是让人痛苦的,人们更是不愿遇到苦难,但是通过苦难的磨炼也的确会使人变得成熟,从这个角度讲,苦难又不是一件坏事。可以说,苦难是磨砺人生的基石,只有在苦难面前毫无怯意,经过艰苦的磨炼,才能成就伟大的事业;而那些面对苦难胆怯、畏缩、逃避的人,是不会有所建树的,更谈不上有何惊人的业绩了。所以,当苦难降临时,我们不该逃避、不该抱怨,而应该以坦然、积极乐观的态度对待苦难,最终战胜苦难。

"股神"巴菲特的成长历程

有困难是坏事也是好事,困难会逼着人想办法,困难环境能锻炼出人才来。

——徐特立

在美国,有一个叫沃伦的年轻人,从初中起,他每逢周末或者放假就去父亲的工厂里打工,以打工的工资偿还父母为他支付的学费和生活费。在厂里,沃伦没有"太子爷"的一切特权,与其他工人一样排队、打卡、上下班,月底凭车间给他评定的质量分和工作完成情况结算工资。有一次,他因为公车晚点迟到两分钟,就被扣除了当月的一半奖金。当小伙子终于熬到大学毕业,认为自己可以接管父亲的公司时,父亲不但没有同意他接管公司,反而苛刻地说:"我认为你既没有管理能力也缺乏实践经验,我给你提供两种选择:要么继续待在公司,从最低的职位干起,要么去另外的公司里打工!想接管公司,你还差远了!"

沃伦心想：我从小就在你的公司里打工，现在还让我继续干这种低贱的活，真是见鬼了！他一怒之下离开了公司，去外面另谋生路。

被父亲"逼"出家门后，沃伦基本上是孤家寡人、从头开始，没有父亲的资产作为担保，他无法去银行贷款做生意，只得去给别人打工，后来因为人际关系不佳，他被排挤出了小公司。失业后，沃伦用打工积蓄的一点钱开了一家小店，由于小店的生意不错，一年后他卖了小店，开了一家小公司，后来小公司慢慢地变成了大公司。然而不久之后，他的公司因管理不善而倒闭了。

这件事对沃伦的打击很大，他终于明白了父亲当初对自己的判断是正确的。不过他没有灰心丧气，而是积极总结打工和经营的经验教训，决心挺起胸膛，从头再来。此时，父亲却出人意料地找到了他，决定让他接管自己的公司，沃伦非常不解。父亲解释道："儿子，你现在跟几年前我所预测的结果一样，但是你经历了最为宝贵的挫折，积累了丰富的经营与管理的经验，这正是你接管公司必不可少的一种经验。要知道，做任何事不经受一番挫折，你是干不好它的！"

沃伦深情地拥抱了父亲，严肃地说："我没想到你一直都在关心我的发展，但是我早已经明白了你当初的决定是多么正确！父亲，我一定会把公司管理好的！"

果然，沃伦没有辜负父亲的期望，将父亲的公司发展成一家令全球瞩目的大公司。他就是伯克希尔·哈撒维公司的总裁——"股神"沃伦·巴菲特，他的父亲正是著名的证券经纪人兼共和党议员霍华德·巴菲特。

【优秀男孩应该懂的道理】

成功的路上充满荆棘，只有经历种种苦痛、压力和挣扎，我们才会破茧而出、羽化成蝶。我们需要在这样的疼痛中慢慢变得强大。所以，挫折和困难正是上帝给予我们的试金石，它淘汰懦弱和无能者。坚强者更懂得人生，懂得如何去完善自己，也能获得更多的经验和教训。

人生多经历一些失败的磨砺不见得是坏事，尤其对于男孩来说，更是一笔宝贵的财富。从一个人成长的一般规律看，顺境可以出人才，但是逆境、挫折的情境更容易磨砺意志，逆境也可出人才。在逆境中经过挫折千锤百炼成长起来的人更具有生存力和更强的竞争力。因为，逆境中奋斗的人既有失败的教训又有成功的经验，更趋成熟，他们能把挫折看成一种财富，深谙只有失败才可能成功、成功是建立在失败的基础上的，因此更具有笑对挫折、迎难而上的风范。

跌倒了再爬起来

如果你问一个善于溜冰的人怎样获得成功时，他会告诉你："跌倒了，爬起来。"这就是成功。

——牛顿

有一个16岁的男孩，每天都乖巧地待在家里，从来不像其他小朋友一样出去玩。他的父亲很为他的小孩苦恼，认为男孩一点也没有男子气概。

无奈之下，他去拜访一位禅师，请求这位禅师帮他训练他的小孩。禅师说："放心吧，只要你把小孩留在我这边半年，我一定可以把他训练成一个真正的男子汉。"

半年后，男孩的父亲来接回小孩。为了向孩子的父亲展示这半年来的训练成果，禅师特意安排了一场空手道比赛。被安排与小孩对打的是空手道的教练。

在双方的较量中，只要教练一出手，这小孩便应声倒地。但是小孩才刚倒地便立刻又站起来接受挑战。

倒下去又站起来，站起来又倒下去，又站起来……如此，来来回回总共十几次。

禅师问父亲："你觉得你小孩的表现够不够男子气概？"

"我简直羞愧死了，想不到我送他来这里受训半年，我所看到的结果是他这么不禁打，被人一打就倒。"父亲回答。

禅师说："我很遗憾你只看到表面的胜负。你有没有看到你儿子那种倒下去立刻又站起来的勇气及毅力？那才是真正的男子气概。"

【优秀男孩应该懂的道理】··

　　"跌倒了再爬起来"，看起来是一句鼓舞失败者最好的话，但是要真正实现起来，需要的是自我鼓励的品质和勇气。人不可能总是一帆风顺，如果跌倒了就此趴下，一蹶不振，永远不会到达胜利的巅峰，而跌倒了再爬起来总是会有成功的希望的。

　　没有失败就没有成功，关键是看我们对于失败的态度。生活就是要面对失败和挫折。当你一蹶不振而悲观失望时，切记失败是成功之母，几次碰壁算不了什么，人生后边的路还很长。

　　在漫长的生命过程中，相信每个男孩都会有"跌倒"的时候，或是在生活中，或是在学业、事业上，但是一定要爬起来，爬起来之后，"跌倒"的过程变得微不足道，只不过变成了你生活中的一段小插曲，或许，它成了你事业上的另一个起点。对于男子汉来说，跌倒一次算什么，只要爬起来，同样可以笔直地站在蓝天下，继续往前走。

"汉堡包王"的成功

　　　困难是培养伟大心志的保姆，唯有这个冷酷的保姆才会不停地推着摇
　　篮，培养一个勇敢、刚健的孩子。

——布赖恩特

　　雷·克洛克似乎是一个生不逢时的美国人，他从出生到工作总是遭受到上天的捉弄。雷·克洛克出生的那年，恰逢西部淘金热结束，一个本来可以发大财的时代与他擦肩而过。按理说，他读完中学就该上大学，可是1931年的美国经济

大萧条使其囊中羞涩而和大学无缘。后来，他想在房地产上有所作为，好不容易才打开局面，不料第二次世界大战烽烟四起，房价急转直下，结果"竹篮打水一场空"。为了谋生，他到处求职，曾做过急救车司机、钢琴演奏员和搅拌器推销员。就这样，几十年来低谷、逆境和不幸伴随着雷·克洛克，命运一直在捉弄他。

这一系列的挫折和失败并没有将雷·克洛克击倒，相反，他越挫越勇，热情不减，执着追求。1955年，在外面闯荡了半辈子的他回到老家，卖掉家里少得可怜的一份产业做生意。这时，雷·克洛克发现迪克·麦当劳和迈克·麦当劳开办的汽车餐厅生意十分红火。经过一段时间的观察，他确认这种行业很有发展前途。当时雷·克洛克已经52岁了，对于多数人来说这正是准备退休的年龄，可这位门外汉却决心从头做起，到这家餐厅打工，学做汉堡包。麦氏兄弟的餐厅转让时，他毫不犹豫地借债270万美元将其买下。经过几十年的苦心经营，麦当劳现在已经成为全球最大的以汉堡包为主食的速食公司，在国内外拥有上万多家连锁分店。据统计，全世界每天光顾麦当劳的人至少有1800万，年收入高达4.3亿美元。雷·克洛克被誉为"汉堡包王"。

【优秀男孩应该懂的道理】

常言道："自古英雄多磨难。"勇于与环境和现实抗争的人，注定会遭遇血泪交织的艰苦磨难，可是，往往逆境更能造就男孩明天的卓越。在失败的路上不断锤炼，我们才能锻造出铁一样的品质。成长环境是人生的一部分，每个男孩都要具备改变它的决心。环境可以使强者更强、勇者更勇，也可使弱者更弱、怯者更怯，这一切完全取决于你是怎么去看待的。

磨难是检验我们心志的最好方式之一。不要抱怨生活中遇到的困难与挫折，而应把这当成磨炼自己的机会。无论什么人，做任何事情，都会碰到这样或那样的困难，都需要具有坚强的意志和毅力，而在努力的过程中，我们只有知难而进、迎难而上，才能在各自的领域上取得成功。

能力训练营：培养抗挫能力的方法和技巧

1.有顽强的毅力和锲而不舍的精神

有些人一遇到困难和挫折就放弃目标，其结果必然是一事无成。而意志坚定、有坚强信念的人，善于把前进道路上的绊脚石变成垫脚石从而获得成功，实现生命的价值。

2.坚强的信念与理想

在生命的旅途中，我们常常遭遇各种挫折和失败，会陷入某些意想不到的困境。这时，信念和理想犹如心理的平衡器，它能够帮助我们保持平稳的心态，战胜挫折和坎坷，防止人生轨道的偏离。

3.宣泄和疏导情绪

面对挫折，不同的人有不同的态度，有人惆怅，有人犹豫，此时不妨找一两个亲近的、理解你的人，把心里的话全部倾吐出来。从心理健康角度而言，宣泄可以消除因挫折而带来的精神压力，可以减轻精神疲劳；同时，宣泄也是一种自我心理救护措施，它能使不良情绪得到淡化和减轻。

4.寻找原因，厘清思路

遇到挫折时我们应进行冷静分析，从客观、主观、目标、环境、条件等方面，找出受挫的原因，采取有效的补救措施。

5.增强自信，提高勇气

我们要有一个正确的挫折观，经常保持自信和乐观的态度，要认识到正是挫折和教训才使我们变得聪明和成熟，正是失败本身才最终造就了成功。

自控的能力——
克己自制，拥有自控力

富豪的烟瘾

> 测量一个人的力量的大小，应看他的自制力如何。
>
> ——但丁

有个时期，美国石油大亨保罗·盖蒂的香烟抽得很凶，有一天，他度假开车经过法国，那天正好下着大雨，地面特别泥泞，开了好几个钟头的车子之后，他在一个小城里的旅馆过夜。吃过晚饭后他回到自己的房里，很快便入睡了。

盖蒂清晨两点钟醒来，想抽一支烟，打开灯，他自然地伸手去找他睡前放在桌上的那包烟，发现是空的。他下了床，搜寻衣服口袋，结果毫无所获。他又搜索他的行李，希望在其中一个箱子里能发现他无意中留下的一包烟，结果他又失望了。他知道旅馆的酒吧和餐厅早就关门了，心想，这时候要把不耐烦的门房叫过来，太不堪设想了。他唯一能得到香烟的办法是穿上衣服，走到火车站，但它至少在六条街之外。

情况看起来并不乐观，外面仍下着雨，他的汽车停在离旅馆尚有一段距离的车房里。而且，别人提醒过他，车房在午夜关门，第二天早上六点才开门。这时能够叫到计程车的机会也将等于零。

显然，如果他真的这样迫切地要抽一支烟，他只有在雨中走到车站，但是要抽烟的欲望不断地侵蚀他，并越来越浓厚。于是他脱下睡衣，开始穿上外衣。他衣服都穿好了，伸手去拿雨衣，这时他突然停住了，开始大笑，笑他自己。他突然体会到，他的行为多么不合逻辑，甚至荒谬。

盖蒂站在那儿寻思，一个所谓的知识分子，一个所谓的商人，一个自认为有足够的理智对别人下命令的人，竟要在三更半夜离开舒适的旅馆，冒着大雨走过好几条街，仅仅是为了得到一支烟。

盖蒂生平第一次认识到这个问题，他已经养成了一个不可自拔的习惯。他愿意牺牲极大的舒适，去满足这个习惯。这个习惯显然没有好处，他突然明确地注意到这一点，头脑便很快清醒过来，片刻就做出了决定。

他下定决心，把那个依然放在桌上的烟盒揉成一团，放进废纸篓里。然后他脱下衣服，再度穿上睡衣回到床上。带着一种解脱，甚至是胜利的感觉，他关上灯，闭上眼，听着打在门窗上的雨点的声音。几分钟之后，他进入一个深沉、满足的睡眠中。自从那天晚上后他再也没抽过一支烟，也没有抽烟的欲望。

从此以后，保罗·盖蒂再也没有抽过香烟。后来，他的事业也越做越大，成为世界顶尖的富豪之一。

【优秀男孩应该懂的道理】

自制力是自我管理的一种能力，对人的一生有着重要影响。生活中，人们会碰到许多诱惑，自制力弱的人往往不知不觉陷入其中；而自制力强的人能控制自己，做出有利于自己和符合社会需要的行动。

一个人要主宰自己，就必须对自己有所约束、有所克制。因为毫无节制的活动，无论属于什么性质，最后必将一败涂地。无论做任何事情，自制都至关重要。自我节制、自我约束是一种控制能力，尤其能控制人们的性格和欲望，一旦失控，随心所欲，结局必将一败涂地，不可收拾。

拿破仑·希尔的反思

一个人如果能够控制自己的激情、欲望和恐惧，那他就胜过国王。

——约翰·米尔顿

在拿破仑·希尔事业生涯的初期，他就曾受到愤怒情绪的困扰。有一次，拿破仑·希尔和办公室大楼的管理员发生了一场误会。这场误会导致了他们两人之间相互憎恨，甚至演变成了激烈的敌对状态。这位管理人员为了显示他对拿破仑·希尔一个人在办公室工作的不满，就把大楼的电灯全部关掉。这种情形已连续发生了几次，一天，拿破仑·希尔在办公室准备一篇预备在第二天晚上发表的演讲稿，当他刚刚在书桌前坐好时，电灯熄灭了。

拿破仑·希尔立刻跳起来，奔向大楼地下室，找到了那位管理员并破口大骂。他以无比火辣的词来对管理员痛骂，直到他再也找不出更多的骂人的词句了，只好放慢了速度。这时候，管理员直起身体，转过头来，脸上露出开朗的微笑，并以柔和的声调说道："你今天早上有点儿激动，不是吗?"管理员的话似一把锐利的剑，一下子刺进拿破仑·希尔的身体。拿破仑·希尔的良心受到了谴责。待他控制了愤怒的情绪后，他平静了下来，他知道，他不仅被打败了，而且更糟糕的是，他是主动的，又是错误的一方，这一切只会更增加他的羞辱感。于是，拿破仑·希尔歉意地说："对不起! 我为我的行为道歉——如果你愿意接受的话。"管理员脸上露出那种微笑，他说："凭着上帝的爱心，你用不着向我道歉。除了这四堵墙壁以及你和我之外，并没有人听见你刚才说的话。我不会把它传出去的。我知道你也不会说出去的。因此我们不如就把此事忘了吧。"

拿破仑·希尔向他走过去，抓住他的手，使劲握了握。拿破仑不仅是用手和他握手，更是用心和他握手。在走回办公室的途中，拿破仑·希尔感到心情十分愉快，因为他终于鼓起勇气，化解了自己做错的事。

之后，拿破仑·希尔下定决心，以后绝不再失去自制。因为当一个人不能控制自己的情绪时，另一个人——不管是一名目不识丁的管理员还是有教养的绅士——都能轻易地将自己打败。

【优秀男孩应该懂的道理】

生气，于己不好，于人不利。生气让我们在生活和待人接物上损失极大，不仅让我们变得烦躁，而且使我们的心胸越来越狭窄。我们生活的质量取决于我们对生活是否有平和的态度，而生气浪费了我们最宝贵的资本。生气不但无助于问题的解决，还扰乱我们的心境，恶化我们的人际关系，破坏我们的人生幸福。因此，我们若想立足社会、超越平庸，就一定要学会控制自己的情绪，做个不生气的人。

人们的愤怒情绪大多数是由于沟通不畅造成的。同学之间、朋友之间、父子母子之间都应尽量创造机会心平气和地表达自己的意见，同时也给对方表达意见的机会，这样才能使双方更好地彼此了解。很多时候，愤怒会掩盖一些感觉。当自己要愤怒的时候，应尽量控制自己不跟自己的情绪走，当然也不跟着对方的情绪走，最好是暂时离开，让自己冷静冷静，冷静后往往会有新的看法，这时再处理问题，你就会更理智。

别在生气的时候做决定

生气的时候，开口前先数到十，如果非常愤怒，先数到一百。

——杰弗逊

成吉思汗是非常了不起的历史人物，曾经建立了横跨欧亚大陆的帝国。他能够有这样大的成就，与他善于制怒有关。而他之所以善于制怒，则与他的一段传奇经历有关。

有一次，成吉思汗带着一大队人出去打猎。他们一大早便出发了，可是到了中午仍没有收获，只好意兴阑珊地返回帐篷。成吉思汗心有不甘，便又带着皮袋、弓箭以及心爱的飞鹰，独自一个人走回山上。

烈日当空之下，他沿着羊肠小径向山上走去，一直走了好长时间，口渴的感觉越来越重，但他却找不到任何水源。

良久，他来到了一个山谷，见有细水从上面一滴一滴地流下来。成吉思汗非常高兴，就从皮袋里取出一只金属杯子，耐着性子用杯子去接一滴一滴流下来的水。

当水接到七八分满时，他高兴地把杯子拿到嘴边，想把水喝下去，这时一股疾风突然把杯子从他手里打了下来。

将到口边的水被弄洒了，成吉思汗不禁又急又怒。他抬头看见自己的爱鹰在头顶上盘旋，才知道是它捣的鬼。尽管他非常生气，却又无可奈何，只好拿起杯子重新接水喝。

当水再次接到七八分满时，又有一股旋风把水杯再次弄翻了。

原来又是他的飞鹰干的好事！成吉思汗怒到极点，顿生报复心："好！你这只老鹰既然不知好歹，专给我找麻烦，那我就好好整治一下你这家伙！"

于是，成吉思汗一声不响地拾起水杯，再从头等着一滴滴的水。当水又接到七八分满时，他悄悄取出尖刀，拿在手中，然后把杯子慢慢地移近嘴边，老鹰再次向他飞来，成吉思汗迅速拔出尖刀，把鹰杀死了。

不过，由于他的注意力过分集中在杀死老鹰上面，却疏忽了手中的杯子，结果杯子掉进了山谷里。于是，成吉思汗无法再接水喝了，不过他马上想道：既然有水从山上滴下来，那么上面也许就有蓄水的地方，而且很可能是湖泊或山泉。于是他忍住口渴的煎熬，拼尽气力向上爬。几经辛苦后，他终于攀上了山顶，发现那里果然有一个蓄水的池塘。

成吉思汗兴奋极了，立即弯下身子想要喝个饱。忽然，他看见池边有一条大毒蛇的尸体，这时才恍然大悟："原来飞鹰救了我一命，正因它刚才屡屡打翻我的杯子，才使我没有喝下被毒蛇污染的水。"

成吉思汗明白自己做错了，他带着自责的心情，忍着口渴返回了帐篷。他对自己说："从今以后，我绝不在生气的时候做决定！"这一决心，使成吉思汗避免了很多错事，给他的雄图霸业带来了莫大的帮助。

【优秀男孩应该懂的道理】

人在生气的时候意志是最薄弱的，会失去理性，从而减弱对事物的推想力。在生气的时候，无论我们做出任何决定，都一定会后悔，因此千万别在此时做出决定，应该时刻保持冷静的头脑，看到事实真相，看到利害得失。很多时候，生气是自己跟自己过不去，不是惩罚别人，而是虐待自己。大发雷霆对于事情的进展没有任何积极作用，相反，它是让自己变得更消极、让事情变得更不可收拾的罪魁祸首。

遇事一味生气，是一种消极、愚蠢的表现，最终受伤害的只有你自己。在生活中，每个人可能都因生气而做出过错误的决定。如果你不曾被错误的决定所伤害，那要感到庆幸，但幸运不一定永远垂青你。所以要想把握自己的一生，使之不偏离轨道，就请时时刻刻记住这句话——在生气的时候，不要做任何决定！

绕着房地跑步的老阿公

生气，是拿别人的错误惩罚自己。

——伊曼努尔·康德

在很久以前，有一个叫东吉的人，每次生气和人起争执的时候，就以很快的速度跑回家去，绕着自己的房子和土地跑三圈，然后坐在田地边喘气，东吉工作非常勤劳努力，他的房子越来越大，土地也越来越广，但不管房地有多大，只要与人争论生气，他还是会绕着房子和土地跑三圈，东吉为何每次生气都绕着房子和土地跑三圈？

所有认识他的人，心里都起疑惑，但是不管怎么问他，东吉都不愿意说明，直到有一天，东吉很老，他的房地又已经太广大，他生气，拄着拐杖艰难地绕着土地跟房子，等他好不容易走了三圈，太阳都下山了，东吉独自坐在田边喘气，他的孙子在身边恳求他："阿公，你已经年纪大了，这附近地区也没有别人的土地比您的更大，您不能再像从前一生气就绕着土地跑啊！您可不可以告诉我这个秘密，为什么您一生气就要绕着土地跑上三圈？"

东吉禁不起孙子恳求，终于说出隐藏在心中多年的秘密，他说："年轻时，我一和人吵架、争论、生气，就绕着房地跑三圈，边跑边想，我的房子这么小，土地这么小，我哪有时间、哪有资格去跟人家生气，一想到这里，气就消了，于是就把所有时间用来努力工作。"

孙子问道："阿公，你年纪大了，又变成最富有的人，为什么还要绕着房地跑？"

东吉笑着说："我现在还是会生气，生气时绕着房地走三圈，边走边想，我的房子这么大、土地这么多，我又何必跟人计较？一想到这，气就消了。"

【优秀男孩应该懂的道理】

很多时候，生气只能说是一种累赘。当一个人生气的时候，他会面红耳赤，大吵大闹，嘴巴张得很大的同时，智慧的大门却关上了，最后还可能失去理智和尊严，留给旁人一个"修养不好，涵养不够"的坏印象。生气也使我们情绪低落，对人对事冥思苦想却于事无补。生气让我们夜间难以入眠，使我们卷入无谓的争执，它甚至给我们带来痛苦和疾病。是啊，生气只能害了自己！又没有人理解，何苦呢！

人生是多么短暂，因一些鸡毛蒜皮、微不足道的小事而耿耿于怀，为这些小事而浪费时间、耗费精力是不值得的。一个人要生气，总会有生不完的气。既然如此，何不更豁达地面对人生，少为一些无关紧要的小事去生气，多找快乐，过好珍贵的每一天。

能力训练营：培养自控能力的方法和技巧

1.控制自己的意识

当愤怒情绪即将爆发时，我们要用意识控制自己，提醒自己应当保持理性，还可进行自我暗示："别发火，发火会伤身体。"有涵养的人一般能做到控制自己的情绪。因为人的意识能够调节情绪的发生与强度，有些思想修养水平高的人往往比思想修养水平较低的人能够更有效地调节情绪。我们应努力以意识来控制情绪的变化，可以用"我应……""我能……"加上要想办的事情来调控自己的情绪。

2.合理地宣泄情绪

当遇到困难、情绪压抑的时候，我们不要把烦闷锁在心里，有不开心的事情要说出来、大哭一场、向好朋友倾诉；感到愤怒时，我们可以独自大喊大叫，舞动自己的手臂，也可在垫子上翻滚等。这样可以使我们将自己的情感发泄到一个合适的替代对象上，从而缓解和释放内心的压力。

3.换位思考

换位思考，即站到对方的角度上想问题，与他人互换角色、位置。俗话说："将心比心。"通过心理换位，充当别人的角色，来体会别人的情绪与思想，这样就有利于防止不良情绪的产生及消除已产生的不良情绪。当对方触犯你时，你也可以站在对方的角度想一想，可能就会觉得对方的行为情有可原。这样，不良情绪就会减弱，甚至消失了。

4.保持良好的心境

或许大家都有这样的经历：当心情好的时候，即使别人把自己一件心爱的东西弄丢，也不会发怒，心情不好时，别人友好地问个路，自己也会不耐烦。所以，我们应保持良好的心情，做到乐观、开朗、豁达。

理财的能力——
你不理财，财不理你

老木匠的良苦用心

一个人一生能积累多少钱，不是取决于他能够赚多少钱，而是取决于他如何投资理财，人找钱不如钱找钱，要知道让钱为你工作，而不是你为钱工作。

——沃伦·巴菲特

一个老木匠，看到儿子整天懒懒散散，除了睡觉就是闲逛，便把老伴叫来商量说："咱儿子一无所长，懒惰又游手好闲，如果现在不学着谋生，将来肯定会沿街要饭。从今天起，就让他出去挣钱吧。"

母亲心疼儿子，偷偷塞给儿子一点钱，嘱咐道："你到外面待一天，回家时把钱交给父亲，就说是你自己挣来的。"儿子晚上回来把钱交给父亲，老木匠拿着钱，放到鼻子前闻一闻说："这不是你自己挣的钱！"随后把钱扔进灶坑里。

第二天，母亲又给儿子一点钱："你今天到处跑跑，晚上回来时累了，你父亲就会信以为真了。"儿子很晚才回来，把钱交给父亲。父亲又闻了闻，骂道："你小子又在骗我，这钱绝不是你亲手挣的！"说完又把钱扔进灶坑里。

母亲知道瞒不下去了，便郑重地说："你骗不了你父亲，还是找个地方干活吧！向别人学艺，自食其力，不管挣多少钱，都要拿回来交给父亲，让他知道你能挣到钱。"

儿子开始四处找活干，帮人干家务，帮人下地干活。十天后，儿子满心欢喜地回到家，把挣到的钱交给父亲，希望得到父亲的赞赏。老木匠接过钱，放到鼻子前闻了闻，二话没说直接把钱扔进灶坑里。儿子惊叫一声，焦急地扑向灶坑，边从火中抢钱边哭着说："父亲，这些钱都是我辛辛苦苦挣来的！"

老木匠看到儿子的举动，笑了："现在，我相信这些钱确实是你挣的。只有懂得挣钱的艰辛，才会不顾一切地去火中抢钱。好好干吧，我不会再为你今后的生计担心了。"

【优秀男孩应该懂的道理】

学会挣钱，是一个人在社会上生存的一项重要能力，它可以培养我们的开拓精神，使我们成为一个自食其力的人。在挣钱的过程中，体验到艰辛，了解到赚钱的不容易，我们才会改正大手大脚、挥霍浪费的坏习惯，而开始精心地计划自己的财务收支。

赚钱的能力也是理财的一部分。在国外一些国家，许多小孩从入学起就开始接受理财方面的学习和培训。国外许多成功人士，他们从小就有很强的理财意识，很早就开始他们的理财活动，如存钱、打工、投资证券等。美国著名的股神巴菲特从5岁开始送报赚钱，到11岁就开始投资股票，以至成为最成功的投资者和一个时期的首富，这绝对与他从小开始理财有关。从小学会理财，就是为以后走向社会获得了生存能力以及获取财富的技能。只有从小树立投资理财的意识与追求财富的观念，我们才能在资源竞争越来越激烈的现代社会中更易、更快、更早地获得成功。男孩们，倘若你现在还没有理财意识，那赶紧开始恶补吧！

储蓄的重要性

　　学校教过我们如何学习，如何具备赚钱的能力，但却从来没有告诉我们到底什么叫作理财，没有人告诉我们，当我们没钱的时候该怎么办，有钱的时候该怎么办；没有人告诉我们钱在我们的生命中应该扮演什么样的角色，我们应该如何和钱相处。

——徐瑞昇

　　毕业于日本早稻田大学经济学系的藤田在一家大电器公司工作。几年之后，他开始创立自己的事业，准备经营麦当劳生意。而藤田当时只是一个毫无家庭资本支持的打工族，根本拿不出麦当劳总部所要求的巨额资金。只有不到5万美元存款的藤田，看准了美国连锁快餐文化在日本的巨大发展潜力，决意要不惜一切代价在日本创立麦当劳事业，于是他绞尽脑汁东挪西借起来。

　　所有亲戚朋友都跑遍了之后，他才借到4万美元。缺乏巨大的资金，一般人也许早就心灰意懒了。然而，藤田却偏要迎难而上。有一天早晨，他西装革履满怀信心地跨进住友银行总裁办公室的大门，以极其诚恳的态度，向对方表明了他的创业计划和求助心愿。在耐心细致地听完他的表述之后，银行总裁做出了"你先回去吧，让我再考虑考虑"的答复。藤田听后，心里即刻掠过一丝失望，但马上镇定下来，恳切地对总裁说了一句："先生可否让我告诉你，我那5万美元存款的来历呢？"回答是"可以"。

　　"那是我6年来按月存款的收获。6年里，我每月坚持存下工资奖金，雷打不动，从未间断。6年里，无数次面对过度紧张或手痒难耐的尴尬局面，我都咬紧牙关，克制欲望，硬挺了过来。有时候，碰到意外事故需要额外用钱，我也照存不误。我必须这样做，因为在跨出大学门槛的那一天我就立下宏愿，要以10年为期，存够10万美元，然后自创事业，出人头地。我坚信，在小事情上过得硬的人才干得成大事情。现在机会来了，我一定要提早开创自己的事业。"藤田一口气讲了自己想要说的话，总裁越听神情越严肃，并向藤田问明了他存钱的那家银行的地址，然后对藤田说："好吧，年轻人，我下午就会给你答复。"

之后，总裁立即驱车前往那家银行，亲自了解藤田存钱的情况。柜台小姐了解总裁来意后，说了这样几句话："哦，是问藤田先生啊。他可是我接触过的最有毅力、最有礼貌的一个年轻人。6年来，他真正做到了风雨无阻地准时来我这里存钱，老实说，这么严谨的人我真是佩服得五体投地！"总裁大为动容，立即打通了藤田家里的电话，告诉他住友银行可以毫无条件地支持他创建麦当劳事业。藤田追问了一句："请问，您为什么要决定支持我呢？"总裁在电话那头感慨万千地说道："我今年已经58岁了，再有两年就要退休，论年龄我是你的两倍，论收入我是你的40倍，可是，直到今天我的存款却还没有你多……我可是大手大脚惯了。光说这一点，我就自愧不如、敬佩有加了。我敢保证，你会很有出息的，年轻人，好好干吧！"从此，藤田传奇的发迹史就开始了。

【优秀男孩应该懂的道理】

看完这个故事后，你是否已经意识到储蓄的重要性。储蓄是理财的基础，对于所有人来说，都是成功的基本条件之一。当我们检视世界上那些大大小小的成功创业的经验时，都会发现，成功者都有一个良好的习惯，这就是储蓄。即便是在他们经济条件不宽裕时，他们也努力节衣缩食，一点点积攒、储蓄。他们一旦面临机遇时，这辛苦存下的钱便成为他们成功的起点。

对于男孩来说，储蓄的习惯也是非常重要的。如果平日大手大脚，花钱没有节制，那到了真正需要钱的时候，就会束手无策。因此，男孩们要学会利用储蓄理财。

申请破产的拳王

我的赚钱公式是：第一，购置营利性资产；第二，没钱时，不要动用投资和积蓄，压力会使你找到赚钱的新方法，帮你还清账单，这是个好习惯。

——《富爸爸穷爸爸》作者

美国拳王泰森在其体育生涯中有着不菲的收入，但如今他却两手空空，债台高筑，成了世界上最穷的人之一。在大众眼里，著名体育明星和演艺明星都是住豪宅、开名车的富豪一族，而泰森为什么会陷入巨大的财务危机中呢？事实上，是不会理财使他的生活陷入了窘困。

由于老爸并不是富翁，泰森在不大的时候开始参加拳击训练，通过不懈的努力渐渐有了点名气。后来，有着4亿美元身家的泰森，是一个普通人需要工作7600年才能拥有的。但到了2003年8月，泰森却因为身欠2700万美元的债务而不得不申请破产！

让众人不解的是：一个超级大富翁怎么会在几年之间就变成了一个穷人了呢？据泰森自己透露：经纪人唐·金骗走了自己总收入的三分之一；第二任妻子为了离婚的赡养费几乎把他榨干；那些和自己各种龃龉官司有关的人，包括律师和受害人，都从他身上捞足了油水。但是人们普遍认为，说到家的一句话就是奢华糜烂、挥霍无度的生活以及平时不善于理财的坏习惯，才是导致泰森迅速成为一名穷鬼的原因。

泰森的荒淫无度和挥霍成性，在美国是尽人皆知的，破产完全是他咎由自取。成名之后，他一直过着奢侈的生活，驾名车、开游艇、住豪宅，挥霍无度。

一次，泰森在拉斯维加斯恺撒宫酒店的豪华商场，带着一帮狐朋狗友前来购物，老板一看财神来了，于是索性关门"清场"，专门招待泰森一行。结果这帮人挑选了价值50万美元的贵重物品，泰森全部代为埋单。

在其负债报告中，最让人难以理解的是欠了一家珠宝店17万美元，那是他在购买一条项链时忘了付钱。珠宝店老板在接受采访时却轻描淡写地说："和泰森以前在店里的总花销相比，这点小钱只是个零头而已。"他的意思是，即使泰森不付这笔钱，他也早就从泰森身上捞回来了。

泰森的消费正如他的身份一样，极其豪华：仅手机费就一年花了超过23万美元，办生日宴会则花了41万美元。他甚至想花100万英镑买一辆F1赛车，后来知道了F1赛车不能开到街道上，只能在赛场跑道里开后才作罢。最后，他把这100万英镑变成了一只钻石金表。可是，才戴了十来天，他就随手将这只金表送给了自己的保镖。他甚至会经常有几万、十几万美元的巨额花费，连他自己都搞不明白花到了什么地方。这样的花钱方式，即使有一座金山，也架不住要被挖空。

另外，泰森出名后的收入也在渐渐减少，可他并没有因此改变奢侈消费的习惯，从而导致他快速走向穷人堆里。即使在申请破产保护后，他的律师也不是很清楚他的资产与负债现状，大量的、名目繁多的债务早已使泰森资不抵债。于是，一个世界级的富翁就这样成了一个穷人。

【优秀男孩应该懂的道理】

你不理财，财不理你。从某种意义上来说，理财的目的是为了享受更好的生活，学会生活比学会赚钱更重要。一个人赚再多的钱，而不会理财，也是没用的，最后只会和拳王泰森一样落得两手空空，甚至成为负债一族。

中国有句老话说："吃不穷，喝不穷，算计不到就受穷。"怎样理财，怎样理好财，是每个人都应关心的话题，更是当今男孩需要学会的。所以，理财要从小做起，从我做起，从现在做起，养成良好的理财习惯，精打细算，正确消费。

能力训练营：培养理财能力的方法和技巧

1.拥有正确的金钱观念

金钱和财富是为我们所用的，不要让金钱成为驾驭我们的主人。

2.不要背上债务负担

既不要轻易借别人的钱，也不要轻易借钱给别人，避免与同学、朋友陷入债务的纠纷中。

3.了解家庭经济状况

生活中，我们应该清楚自己家庭的经济账，明白家庭的经济承受能力，理解父母在开销上的节省和限制，量力消费，克服攀比心理和乱花钱的毛病。

4．养成记账的习惯

记账是一个好习惯，可以把自己的收入和支出都以书面的形式记下来，清楚钱是怎么挣来的，又花到什么地方去了。我们可以对照一个月或一年的账，看看有什么钱是该花的，有什么钱是不该花的。

5.养成节俭的习惯

很多人认为，钱节省不下来，总是有花的地方。其实这是借口，很多时候你都可以养成节俭的好习惯。比如，是否可以少买一个玩具，少到外面吃一次饭，或者在吃饭的时候少点一个菜，这样都能省下一些小钱。长此以往，积少成多，小钱就会成为大钱。

领导的能力——
振臂一呼，应者云集

领导者要海纳百川

以温柔、宽厚之心待人，让彼此都能开朗愉快地生活，或许才是最重要的事吧。

——松下幸之助

春秋时期，齐国国君齐襄公被杀。襄公有两个兄弟，一个叫公子纠，当时在鲁国（都城在今山东曲阜）；一个叫公子小白，当时在莒国（都城在今山东莒县）。两个人身边都有个师傅，公子纠的师傅叫管仲，公子小白的师傅叫鲍叔牙。两个公子听到齐襄公被杀的消息，都急着要回齐国争夺君位。

在公子小白回齐国的路上，管仲早就派好人马拦截他。管仲拈弓搭箭，对准小白射去。只见小白大叫一声，倒在车里。管仲以为小白已经死了，就不慌不忙护送公子纠回到齐国去。怎知公子小白是诈死，等到公子纠和管仲进入齐国国境，小白和鲍叔牙早已抄小道抢先回到了国都临淄，小白当上了齐国国君，即齐桓公。

齐桓公即位以后，即发令要杀公子纠，并把管仲送回齐国办罪。管仲被关在囚车里送到齐国，鲍叔牙立即向齐桓公推荐管仲，齐桓公气愤地说："管仲拿箭射我，要我的命，我还能用他吗？"

鲍叔牙说："那时他是公子纠的师傅，他用箭射您，正是他对公子纠的忠心。论本领，他比我强得多。主公如果要干一番大事业，管仲可是个用得着的人。"齐桓公也是个豁达大度的人，听了鲍叔牙的话，不但不治管仲的罪，还立刻任命他为相，让他管理国政。

在管仲的辅助下，齐桓公整顿内政，大开铁矿，多制农具，后来齐国就越来越富强了。

齐桓公之所以能成就霸业，主要是用了管仲之谋的缘故。如果齐桓公当时没有容人的气度，把管仲杀了，就可能没有后来齐桓公的雄伟事业。

【优秀男孩应该懂的道理】

人常说："高层领导看胸怀。"一个领导是否有成就，在很大程度上与他的胸怀有关。中国有句古话，叫作"量小非君子"。心胸宽则能容，能容则众归，众归则才聚，才聚则事业强。这也验证了"心有多大事业就有多大，胸怀有多宽事业就有多广"这句话。有人形象地说："你能容一个班的人，只能当班长；能容一个团的人，只能当团长；能容亿万人的人，才能成为领袖。"所以说，领导者要想成就一番事业，就必须有恢宏的气度，能容人所不能容，忍人所不能忍，善于求大同存小异，团结大多数人。小男子汉们，如果你也想成为未来的领导者，那么从现在开始，你也要有一个广阔的胸襟。

处事公平公正

你不能靠拍人家头而领导别人，那是侵犯，而不是领导力。

——德怀特·艾森豪威尔

诸葛亮一生的功业，全都体现着公平二字。《三国志》的作者陈寿这样评论诸葛亮，"为政开诚布公，公正尽忠"。对蜀国有用的人，就是仇人也奖赏；违犯法令、怠慢国家的人，就是亲人也要诛杀。认罪后肯悔改的人，从轻处理；死不认错，还狡辩的人，虽轻重罚。善没有成绩不赏，恶没有坏果不贬。严刑峻法，天下却没有人怨恨，这就是他用心公平正直的结果。

诸葛亮命令马谡率领精兵防守街亭要塞，和北方的强敌魏国对峙。后来，马谡因为轻率出兵会战，结果导致严重的失误，不仅街亭失守，蜀军差点儿全军覆灭。幸好诸葛亮唱了一出空城计才转危为安。

依照军法，马谡因违抗军令而导致失败，应处斩刑。但马谡是诸葛亮一生中最喜爱的部将，杀了他诸葛亮是非常不忍心的。可是，诸葛亮心里十分清楚，马谡所犯的过失已经严重到动摇蜀国根基的地步，如果处理不当，不仅民心士气无法维持，自己也会失去威信，将来无法带兵了。于是，诸葛亮痛下决心，挥泪把马谡斩首示众了。

诸葛亮挥泪斩马谡之后，深深悔恨自己的失误，认为把防守要塞的重任交给一个轻率的人而贻误了国家大事，深感自己也有连带责任，于是就请求处分，要求从宰相降为右将军。诸葛亮对马谡、对自己大公无私的处分，赢得了蜀汉军民无比的爱戴和拥护。

【优秀男孩应该懂的道理】

出于公心，一视同仁，才能赢得别人的认同。公平就是要公正地对待每个人，公平地处理每件事。唯有公道，才有威信。领导者公平，人心就顺，就能激发热情，就能调动起积极性，就有向心力。相反，领导者不公就会败坏风气，造成人心涣散。比方说，两个人发生了纠纷，让你去处理，是实事求是公平处理，还是偏袒一方，压制另一方；批评表扬，是合情合理、一视同仁，还是不顾事实、厚此薄彼、区别对待，等等。对这类问题，你公平处理了，大家看得很清楚，自然信服了；你不公不平，假公济私，大家却看得明白。结果是，人们不仅对你不信服，甚至当众戳穿谜底，让你下不了台。而奸邪小人，则可能利用你的不公平，投你所好，乘你之隙，从你的不公平中捞到好处。这样，矛盾就多了，问题也会越来越多。所以，公平公正是领导者待人处世的一个重要问题，切不可等闲视之。

如果你现在已经是学校或班级的小干部，或者长大以后有幸成为一名领导者，那么请记住：无论是对人对事，你都要做一把"公平秤"，一碗水端平。只有以公平、公正为前提，才能不至于降低人格魅力，才能够笼络人心，树立自己的威信。

为他人树立榜样

遵守纪律的风气的培养，只有领导者本身在这方面以身作则才能收到成效。

——马卡连柯

三洋公司的总裁井植薰以身作则，可谓榜样的典范。1969年，井植薰接替了三洋的董事长和总经理职位，他从来不为自己格外制定什么标准，要求别人做到的，他自己首先做到。公司的规矩制度，也是极力遵守，从不纵容自己越轨。例如当时三洋公司当时推出的力戒"去向不明"政策，井植薰就带头遵守。当时还没有手机等先进的通信设备，一旦有什么紧急的事情要找什么人员，而他不在公司又不在家，没人知道他的去向时，往往会误大事。所以，针对这一情况，井植薰要求所有人员外出，必须让公司知道。井植薰每次外出，必定让公司某人知道他的去处，即使是私事也不例外。这样，这项制度，就在当时的三洋公司推行了开来，全体员工没有任何怨言。

井植薰常说："不能制造优秀的自己，怎么谈得上制造优秀的人才。优秀的领导人才能制造出优秀的人，再由优秀的人去制造优秀的商品、更优秀的自己和更优秀的他人，就是三洋的特色。"井植薰要求员工尽力为公司考虑，他认为，如果一个职工下班后一步跨出公司就只过自己喜欢的生活，那他一辈子也不可能被提升到重要的职位上。员工应该站在更高层次来要求自己，完善自己。这一点，井植薰也是从自己开始做起的。对于他来说，一天除了睡觉之外，其余都在考虑公司的事情。

井植薰在教导部属"如何做"时，总是先要求自己能率先做到，正像他在一次谈话中所说的那样："领导者如果以为公司的规则，只是为普通员工制定的话，那就大错特错了。它应该是公司全部的人都必须遵守的规矩，包括部门经理、总经理、公司总裁、董事长等高层领导人。如果以为自己是高层领导，下面的事有人代替去做，就以为迟到几十分钟无关紧要，那是绝对行不通的。大家都听过'上行下效'吧？前面有榜样，后面就有跟随者。这种模仿，长久如此便会造成公司上下的懒散作风，这足以让一个前景大好的公司面临失败的深渊。"

有一次，一位记者问他："您现在年事已高，还以身作则，会不会太累？"

井植薰回答道："再累也得坚持啊！不以身作则，对部属就不可能有号召力和感染作用。我作为三洋的董事长、总经理，在国内有七万双眼睛盯着我看，大家都在注视我的行为，我必须得谨言慎行，不能有半点失误。"

【优秀男孩应该懂的道理】

身教重于言教，榜样的力量是无穷的。行为有时比语言更重要，领导者的力量，很多往往不是由语言而是由行为动作体现出来的。在一个组织里，领导者是众人的榜样，一言一行都被众人看在眼里，只要懂得以身作则来影响他人，管理起来就会得心应手。

作为领导者，只有以身作则，处处做出表率，才有资格去要求别人。如果自己都做不到的事情，有什么理由和资格去要求别人去做呢！男孩们，你们学会了吗？

知人善任是一项必备能力

一位最佳领导者，是一位知人善任者，而在下属甘心从事其职守时，领导要有自我约束力量，而不插手干涉他们。

——罗斯福

龙永图在中国入世谈判时曾选用过一位秘书。当龙永图选该人当秘书时，全场一片哗然，因为大家认为这个人根本不适合当秘书。在众人眼中，秘书都是勤勤恳恳、少言少语的，讲话很少，做事谨慎，对领导体贴入微。但是龙永图选的这位秘书，处事却完全不一样。他是一个大大咧咧的人，从来不会照顾人。每次龙永图和他出国，都是龙永图走到他房间里说，请你起来，到点了。

对于日程安排，他有时甚至不如龙永图清楚。原本9点的活动，他却说9点30分，经过核查，十次有九次他是错的。但为什么龙永图会选他当秘书呢? 因为龙永图是在其谈判最困难的时候选他当秘书的。当时由于谈判的压力大，龙永图的脾气也很大，有时候和外国人拍桌子，回来以后一句话也不说。每次龙永图回到房间后，其他人都不愿自讨没趣到他房间里来。唯有那位秘书，每次不敲门就大大咧咧走进来，坐在龙永图的房间就跷起腿，说他今天听到什么了，还说龙永图某句话讲得不一定对等。而且他从来不叫龙永图为龙部长，都是"老龙"，或者是"永图"。他还经常出一些馊主意，被龙永图骂得一塌糊涂，但他最大的优点就是禁骂。无论怎么骂，他五分钟以后又回来了："哎呀，永图，你刚才那个说法不太对。"

这位秘书是个学者型的人物，他对很多事情不敏感，人家对他的批评他也感觉不到，但是他是世贸专家，他对世贸问题非常着迷，所以，在龙永图脾气非常暴躁的情况下，在龙永图难以听到不同声音的情况下，那位秘书对龙永图就显得分外重要了。

【优秀男孩应该懂的道理】

知人善任，是领导的最高智慧。一个出色的领导者，必须要能量才用人，使人尽其才，物尽其用。知人，就是指客观地、全面仔细地了解别人的长处、短处、优点、缺点。善任，就是指能够科学地、合理化地任用人才，授以权力，以做到人尽其才，才尽其用。领导者只有知人善任，才能最大限度地发挥出人才的作用。

作为一个领导者，必须学会知人善任的用人艺术。古人云：善用人者能成事，能成事者善用人。男孩们，你们懂得了知人善任的道理了吗？

能力训练营：培养领导能力的方法和技巧

1.率先垂范

行动的感召力和影响力比语言强了百倍，这是人的一种天性。领导者只有从严要求自己，以身作则，率先垂范，要求别人做到的，自己首先做到，要求别人不做的，自己首先不做，这样才能使他人信服，产生巨大的号召力。

2.优秀的品质

一般来说，领导者单凭手中权力只能吸引那些趋炎附势之徒，而广大贤才并不买账。贤才对那些有权力的领导虽然也能够服从，但对领导者个人却总是敬而远之的。对于领导，他们固然不能无视他手中的权力，但是更看重他的思想和人格。因此，只有那些本身道德高尚、有较高声望的领导者，才能众望所归，才能让大家愿意跟着他干事业。

3.学会沟通技巧

社会关系其实就是人与人的关系，处理社会关系，就是要学会并擅长如何与人沟通的技巧。在与人交谈沟通中，除了你必须具备丰富的知识阅历和受人尊敬的人格魅力以外，良好的人际关系和人脉资源是你成就事业的基础。你要有因人而异的沟通技巧，要多看到对方的优点，多称赞对方的长处，把自己的身段放低些，谦虚慎言可以得到对方好感，可以让沟通的效果事半功倍。

4.勇敢面对失败

人在前进道路上不可能一帆风顺，总要遇到这样或那样的问题。人的一生也就是在不断地解决这样或那样的问题、矛盾或失败中锻炼成长起来的。失败不一定是坏事，只要有跌倒了再爬起来的不屈不挠的精神，经过多次失败的锤炼，人才更加坚强，经验才能更加丰富，才能经得起大风大浪的考验。

5.开阔的胸怀

俗话说："宰相肚里能撑船。"领导者要懂得谦让、容忍、宽厚大度。有了容人容事的雅量，就能宽容待人、宽恕处事，就能换位思考、将心比心。大度谦让，诚心相待，尽量去理解人、同情人、谅解人，对人对事就不会计较，这样才能获得良好的人际关系，调动他人的积极性。

行动的能力——
做行动家，不做空想家

两个去美国闯荡的年轻人

现实是此岸，理想是彼岸，中间隔着湍急的河流，行动则是架在川上的桥梁。

——克雷洛夫

约翰和詹姆士一起搭船来到了美国，他们打算在这里闯出自己的一片天地。他们下了船，来到码头，看着海上的豪华游艇从面前缓缓而过，二人都非常羡慕。约翰对詹姆士说："如果有一天我也能拥有这么一艘船，那该有多好。"詹姆士也点头表示同意。

中午的时候，他们都觉得肚子有些饿了，两人四处看了看，发现有一个快餐车旁围了好多人，生意似乎不错。约翰对詹姆士说："我们不如也来做快餐的生意吧！"詹姆士说："嗯！这主意似乎是不错。可是你看旁边的咖啡厅生意也很好，不如再看看吧!"两人没有统一意见，于是就此各奔东西了。

握手言别后，约翰马上选择一个不错的地点，把所有的钱投资做快餐。他不断努力，经过五年的用心经营，已经拥有了很多家快餐连锁店，积累了一大笔钱财，他为自己买了一艘游艇，实现了他自己的梦想。

这一天，约翰驾着游艇出去游玩，发现了一个衣衫褴褛的男子从远处走了过来，那人就是当年与他一起闯天下的詹姆士。他兴奋地问詹姆士："这五年你都在做些什么?"詹姆士回答说："五年间，我每时每刻都在想：我到底该做什么呢!"

【优秀男孩应该懂的道理】

说到梦想，几乎每个人都会有，可是为了梦想去努力、去奋斗而实现梦想的人却并不多。因为，有些人只会空想，他们只是一群空想家。而努力实现梦想的人才是真正的成功者。

常言说"有志者事竟成"，并不是说一个人立下志向之后，就可以坐等成功了。立志后，还需要坚持不懈、努力奋斗。如果没有具体的行动，再好的志向也只能是空中楼阁。男孩们千万要记住，成功属于有了理想马上去奋斗的人。

一直没有织完的毛衣毛裤

行动，只有行动，才能决定价值。

——约翰·菲希特

一位年轻的女士即将当妈妈了，她打算为即将出世的孩子织一身最漂亮的毛衣毛裤。她在老公的陪同下买回了一些颜色漂亮的毛线，可是她却迟迟没有动手，有时想拿起那些毛线编织时，她会告诉自己："现在先看一会儿电视吧，等一会儿再织。"等到她说的"一会儿"过去之后，可能老公快要下班回家了。于是她又把这件事情拖到明天，原因是"要给老公做晚饭"。等到孩子快要出生了，那些毛线还像新买回的那样放在柜子里。老公因为心疼老婆，所以也并不催她。后来，婆婆看到那些毛线，告诉儿媳不如自己替她织吧，可是儿媳却表示一定要自己亲手织给孩子。只不过她现在又改变了主意，想等孩子生下来之后再织，她还说："如果是女孩子，我就织一件漂亮的毛裙，如果是男孩就织毛衣毛裤，上面一定要有漂亮的卡通图案。"

孩子生下来了，是个漂亮的男孩。在初为人母的忙忙碌碌中孩子一天一天地渐渐长大。很快孩子就一岁了，可是她的毛衣毛裤还没有开始织。后来，这位年轻的母亲发现，当初买的毛线已经不够给孩子织一身衣服了，于是打算只给他织一件毛衣，不过打算归打算，动手的日子却被一拖再拖。

当孩子两岁时，毛衣还没有织。

当孩子三岁时，母亲想，也许那团毛线只够给孩子织一件毛背心了，可是毛背心始终没有织成。

……

渐渐地，这位母亲已经想不起来这些毛线了。

孩子开始上小学了，一天孩子在翻找东西时，发现了这些毛线。孩子说真好看，可惜毛线被虫子蛀蚀了，便问妈妈这些毛线是干什么用的。此时妈妈才又想起自己曾经憧憬的、漂亮的、带有卡通图案的花毛衣。

【优秀男孩应该懂的道理】 ┈┈┈┈┈┈┈┈┈┈┈┈┈┈┈┈┈┈┈┈┈┈┈┈┈┈┈┈┈┈

拖延是行动的死敌，也是成功的死敌。拖延总是以借口为向导，让我们坐失机会，而借口总是合情合理，让拖延顺理成章，习惯成自然，让我们的心灵难以觉察。在不知不觉中，拖延已不仅仅是一个习惯，而且成了一种生活方式。拖延使我们所有的美好理想变成真正的幻想，拖延令我们丢失今天而永远生活在"明天"的等待之中，拖延的恶性循环使我们养成懒惰的习性、犹豫矛盾的心态，这样就成为一个永远只知抱怨叹息的落伍者、失败者、潦倒者。

拖延是一种恶习，这个坏习惯，并不能使问题消失或者使解决问题变得容易起来，而只会制造问题，给生活带来严重的危害。对一位渴望成功的人来说，拖延最具破坏性，也是最危险的恶习，它使人丧失进取心。人一旦开始遇事就推脱，那就很容易再次拖延，直到变成一种根深蒂固的习惯性的拖延。

拖延让人一无所获，是对宝贵生命的一种无端浪费。俗话说："今日事，今日毕。"说的其实就是绝不拖延的道理，绝对不把当天该完成的事拖到第二天。等待与拖延是成功的死敌。绝不拖延是一种好习惯，有了这样的习惯，无论做任何事都会变得更易成功。因为你不再会因为各种原因偷懒，也不会因为拖延而错失良机。一日决定下来的事，就要立刻着手进行，不要拖延，不要等以后再做。男孩们记住了：拒绝拖延。

第一只红舞鞋

如果不开始行动，我们就无法知道结果。

——霍华德·津恩

安妮是大学里艺术团的歌剧演员。在一次校际演讲比赛中，她向人们展示了一个最为璀璨的梦想：大学毕业后，先去欧洲旅游一年，然后要在纽约百老汇中成为一名优秀的主角。

当天下午，安妮的心理学老师找到她，尖锐地问了一句："你今天去百老汇跟毕业后去有什么差别？"安妮仔细一想："是呀，大学生活并不能帮我争取到去百老汇工作的机会。"于是，安妮决定一年以后就去百老汇闯荡。

这时，老师又冷不防地问她："你现在去跟一年以后去有什么不同？"安妮苦思冥想了一会儿，对老师说，她决定下学期就出发。老师紧追不舍地问：

"你下学期去跟今天去，有什么不一样？"安妮有些晕眩了，想想那个金碧辉煌的舞台和那只在睡梦中萦绕不绝的红舞鞋……她终于决定下个月就前往百老汇。

老师乘胜追击地问："一个月以后去跟今天去有什么不同？"安妮激动不已，她情不自禁地说："好，给我一个星期的时间准备一下，我就出发。"老师步步紧逼："所有的生活用品在百老汇都能买到，你一个星期以后去和今天去有什么差别？"

安妮终于双眼盈泪地说："好，我明天就去。"老师赞许地点点头，说："我已经帮你订好明天的机票了。"第二天，安妮就飞赴到全世界最巅峰的艺术殿堂——美国百老汇。当时，百老汇的制片人正在酝酿一部经典剧目，几百名各国艺术家前去应征主角。按当时的应聘步骤，是先挑出十个左右的候选人，然后，让他们每人按剧本的要求演绎一段主角的对白。这意味着要经过百里挑一的两轮艰苦角逐才能胜出。安妮到了纽约后，并没有急着去漂染头发、买靓衫，而是费尽周折从一个化妆师手里要到了将排的剧本。这以后的两天中，安妮闭门苦读，悄悄演练。正式面试那天，安妮是第48个出场的，当制片人要她说说自己的表演经历时，安妮粲然一笑，说："我可以给您表演一段原来在学校排演的剧目吗?就一分钟。"制片人首肯了，他不愿让这个热爱艺术的青年失望。而当制片人听到传进自己鼓膜里的声音，竟然是将要排演的剧目对白，而且，面前的这个姑娘感情如此真挚，表演如此惟妙惟肖时，他惊呆了!他马上通知工作人员结束面试，主角非安妮莫属。就这样，安妮来到纽约的第一天就顺利地进入了百老汇，穿上了她人生中的第一只红舞鞋。

【优秀男孩应该懂的道理】

心动不如行动。再美好的梦想与愿望，如果不能尽快在行动中落实，最终只能是纸上谈兵，空想一番。有人说，心想事成。这句话本身没有错，但是很多人只把想法停留在空想的世界中，而不落实到具体的行动中，因此常常是竹篮子打水一场空。所以，有了梦想，就应该迅速有力地实施。坐在原地等待机遇，无异于盼天上掉馅饼。

万事始于心动，成于行动。空想家与行动者之间的区别就在于是否进行了持续而有目的的实际行动。实际行动是实现一切的必要前提。我们往往说得太多，思考得太多，梦想得太多，希望得太多，我们甚至计划着某种非凡的事业，最终却以没有任何实际行动而告终。

成功者的路有千条万条，但是行动却是每一个成功者的必经之路，也是一条捷径。一百次心动，远比不上一次行动。心动只能让你终日沉浸在幻想之中，而行动才能让你最终走向成功。男孩们，行动起来吧！

机会不是等来的

聪明人会抓住每一次机会，更聪明的人会不断创造新机会。

——莎士比亚

1896年6月2日，世界上第一台电报机诞生了。电报的诞生，给世界信息业带来了一场日新月异的革命，到1921年6月2日，当电报诞生短短25周年的时候，《纽约时报》对这一历史性的发明发表了一个总结性的消息，告诉世人：因为电报的诞生，人们每年接受的信息量是25年前的50倍。

看到这一消息后，当时有至少50个机敏的美国人对此产生了浓厚的兴趣，他们立刻想到创办一份综合性的文摘杂志，遍选精华，使人们能在千头万绪、林林总总的信息中，更加容易和直接地看到自己迫切需要知道的信息。这50个人，差不多都是美国的商界精英和政界头面人物，他们之中有百万富翁，有出版商，有记者、律师、作家，甚至还有一位忙碌的国会议员。他们都同时从电报诞生25周年这个消息上得到启迪，不约而同地相信，如果创办一份文摘性刊物，一定会拥有很多的读者，创办者百分之百可以从中赚到一笔巨额的可观利润。在不到一个月的时间里，他们都到银行存了500美元的法定资本金，并顺利办理了创办刊物的执照。当他们拿着执照到邮政部门申请办理有关发行手续时，邮政部门却一概拒绝了。邮政部门说："我们从来还没有代理过这类刊物的征订和发行业务，如果同意代理，现在也不到时机，最快也要等到明年中期的总统大选以后。"

许多人得到这种答复后，就决定按照邮政部门说的那样，只好等到明年中后期了。甚至有几个精明人为了免交执业税，马上向管理部门递交了暂缓执业的申请。但只有一个年轻人没有停下来去等待，他立即回到家里，买来纸张、剪刀和糨糊，和他的家人马上糊了2000个信封，装上了一张张的征订单，然后把信送到邮局全部寄了出去。

很快，一本全新的文摘性杂志《读者文摘》就送到了许多读者的手里，并且发行量直线上升，雪片似的订单从四面八方纷纷飞向了杂志社。第二年中期，当邮政部门终于答应代理发行征订手续时，《读者文摘》通过直接邮购早就在市场上稳稳站住了脚跟了。那些当初也曾梦想过办这样一份文摘性杂志的人现在手捧着《读者文摘》，个个追悔莫及，如果不是坐等时机，他们也足以办起这样一本风靡全美的畅销杂志了，但恰恰是因为等待，他们丢失了这一个千载难逢的珍贵机遇。

【优秀男孩应该懂的道理】 ....

机会不是等来的，在很多时候还得靠自己去发现、去挖掘，甚至还得靠自己去创造，并且创造机会比等待机会更为重要。因为现成的机会毕竟不多，等待机会显得过于被动，而创造机会却能充分发挥自己的主观能动性，把握甚至改变事情的发展趋势。

生活中，常有人发如此的感慨：如果给我一个机会，我也能……他们把自己的命运系在一个等来的机会上，他们当然总也不会成功，以至于至今都只知道抱怨自己的命运。事实上，没有人会主动给你送来机会，机会也不会主动来到你的身边，只有你自己去主动争取。成大事者的习惯之一是：有机会，抓机会；没有机会，创造机会。男孩们一定要懂得这个道理。

能力训练营：培养行动能力的方法和技巧

1.不空想

"说一尺不如行一寸"。任何希望、任何计划最终必然要落实到行动上。只有行动才能缩短自己与目标之间的距离，只有行动才能把理想变为现实。做好每件事，既要心动，更要行动，只会感动羡慕而不去流汗行动，成功就只是一句空话。

2.不等到条件成熟才行动

如果你正在等待时机成熟才行动，那么你可能永远都等不到。事情总有不合理的一面，不管是时间流逝，还是市场下滑，或是存在太多的竞争，在真实世界里，你永远等不到完美的时机。你必须立即行动，问题一出现就去解决它。

3.克服拖延

人们习惯于做事总往后拖延一步，总愿意在行动之前先要让自己享受一下最后的安逸。只是在休息之后又想继续享受，这样直到期限已满行动也还未开始。事实就是，拖延直接导致行动的失败。所以，我们要克服拖延，不给自己找借口。

4.立即行动

不要给自己留退路，说什么"以后还有机会"、"时间还比较充裕"。在制订好计划以后你就没有了后路，唯一的选择就是立即行动。立即行动，可以使你保持较高的热情和斗志，能够提高办事的效率。只有立即行动，你才能挤出比别人更多的时间，比别人提前抓住机遇。

5.改掉惰性

懒惰，是成功的最大杀手。一旦惰性形成习惯，它就会很容易消磨人的意志，使你对自己越来越失去信心，怀疑自己的毅力，怀疑自己的目标，怀疑自己的能力，甚至会使自己的性格变得犹豫不决，养成一种办事拖拉的作风。解决懒惰最好的办法是：让自己立即行动起来。